费希娟/著

U0742292

A / T / T / E / N / T / I / O / N

注意力

之不闻雷霆
震惊

中国出版集团　现代出版社

图书在版编目（CIP）数据

注意力：不闻雷霆之震惊 / 费希娟著. —北京：现代出版社，2014.2
（2021.3 重印）

（身心灵魔力书系）

ISBN 978 – 7 – 5143 – 1824 – 1

Ⅰ．①注…　Ⅱ．①费…　Ⅲ．①注意 – 能力培养 – 青年读物
②注意 – 能力培养 – 少年读物　Ⅳ．①B842.3 – 49

中国版本图书馆 CIP 数据核字（2014）第 039837 号

作　　者	费希娟
责任编辑	王敬一
出版发行	现代出版社
通讯地址	北京市安定门外安华里 504 号
邮政编码	100011
电　　话	010 – 64267325 64245264（传真）
网　　址	www.1980xd.com
电子邮箱	xiandai@cnpitc.com.cn
印　　刷	河北飞鸿印刷有限责任公司
开　　本	700mm × 1000mm　1/16
印　　张	11
版　　次	2014 年 2 月第 1 版　2021 年 3 月第 3 次印刷
书　　号	ISBN 978 – 7 – 5143 – 1824 – 1
定　　价	39.80 元

P 前　言
REFACE

为什么当今时代的青少年拥有幸福的生活却依然感到不幸福、不快乐？怎样才能彻底摆脱日复一日的身心疲惫？怎样才能活得更真实快乐？

在英国最古老的建筑物威斯敏斯特教堂旁边，矗立着一块墓碑，上面刻着一段非常著名的话：当我年轻的时候，我梦想改变这个世界；当我成熟以后，我发现我不能够改变这个世界，我将目光缩短了些，决定只改变我的国家；当我进入暮年以后，我发现我不能够改变我们的国家，我的最后愿望仅仅是改变一下我的家庭，但是，这也不可能。当我现在躺在床上，行将就木时，我突然意识到：如果一开始我仅仅去改变我自己，然后，我可能改变我的家庭；在家人的帮助和鼓励下，我可能为国家做一些事情；然后，谁知道呢？我甚至可能改变这个世界。

的确，在实现梦想的进程中，适当缩小梦想，轻装上阵，才有可能为疲惫的心灵注入永久的激情与活力，更有利于稳扎稳打。越是在喧嚣和困惑的环境中无所适从，我们越觉得快乐和宁静是何等的难能可贵。其实"心安处即自由乡"，善于调节内心是一种拯救自我的能力。当人们能够对自我有清醒认识，对他人能宽容友善，对生活无限热爱的时候，一个拥有强大的心灵力量的你将会更加自信而乐观地面对现实，面向未来。

本丛书将唤起青少年心底的觉察和智慧，给那些浮躁的心清凉解毒，进而帮助青少年创造身心健康的生活，来解除心理问题这一越来越成为影响青少年健康和正常学习、生活、社交的主要障碍。本丛书从心理问题的普遍性着手,分别描述了性格、情绪、压力、意志、人际交往、异常行为等方面容易出现的一些心理问题,并提出了具体实用的应对策略,以帮助青少年朋友科学调适身心,实现心理自助。

C目　录
CONTENTS

第一章 认识注意力

注意力的好坏直接影响到学习成绩,注意力好,则学习能力自然不会差。注意力不好,就算智商再高,也不可能学好。所以在很小的时候,就要注意训练自己的注意力,以提高学习能力。

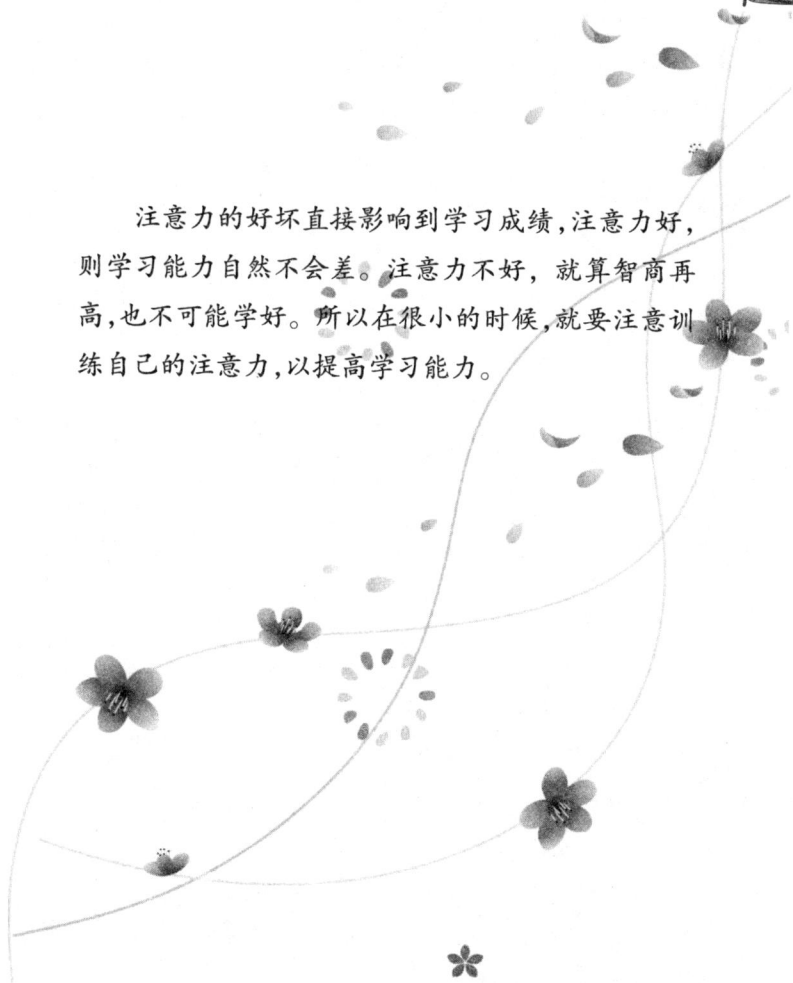

一、什么是注意力

要想提高注意力,并对各种问题进行解读,其前提必须是要了解什么是注意力,注意力的特性是什么,以及注意力怎样体现。所谓知己知彼才能百战百胜,要想打好提高注意力这场仗,首先就要对注意力有一定的了解。

教育专家认为,注意力是其他所有能力的支撑点。因为没有任何一种能力是不需要注意力的。没有注意,其他所有的事情都是徒劳。人不能在完全无意识的情况下做出成就。

那么首先就让我们来了解一下注意力的分类。注意力分为有意注意和无意注意。即有意识的注意和无意识的注意。一种是我们能够感觉到的,或者是用抑制其他活动而进行的注意,另一种是我们觉察不到的,出于兴趣的注意。对很多人来说,6 岁以前大多是以无意注意为主,他们注意到的事物往往是他们感兴趣的。所以很多人在 6 岁前会常常表现出喜新厌旧,对新鲜的事物很感兴趣,但持续时间很短。

有意注意则是有意识和有目的,很多时候我们会需要意志的控制来注意一些不感兴趣的但是又必须要学习的东西。比如,在成长的过程中,对于没有兴趣的学习,也会刻意去注意。但是这种有意注意是需要逐步发展完善的。因为长时间的学习,无论是学习什么,对于任何一个人来说都是单调和枯燥的,需要有目的的有意注意。而不同的人有意注意的坚持时间不同,这就需要在不断的学习中一步一步地加强。

因为注意力发展呈阶段性的特性,很多人会有这种错误的认识,他们认为,之所以不能集中注意力是因为淘气、不懂事。相当一部分人认为等到年龄大了,注意力自然就提高了。其实这样的看法,固然有一定的道理,儿时的注意力的确会随着年龄的增大有所好转;但是这有一个前提,不要用小时候的注意力和成人以后的相比较,而应该跟同龄人相比较。随着年龄的增长,注意力会有明显的进步,但是如果在同龄人中还是差一截,那么就算长大成人了,他的注意力也自然还是比不上别人。

注意力问题上还有一个要注意的事情就是,注意力不集中在男和女之间的表现是有差别的。男生好动,坐不住,静不下心来,女生能静下心来,但有时候会发呆和幻想。通常男生的好动会引起家长的注意,但一个安静的女生上课发呆,家长就不会那么容易发现,因此,对女生这种注意力的问题也就没有引起足够的重视。

首先我们要了解什么是注意力。注意力其实就是人的意识主动地、有目的地集中于某种事物、某种现象的能力。

了解注意力首先要了解注意。什么是注意呢,我们打个比方。比如说在你看书的时候,如果你的全部心思都在看书这件事上,那么周围的一切可能都不会在意,有时会达到"视而不见、听而不闻"的境界。在我们汉语中有很多词语被用来描述这种状态,像全神贯注、聚精会神、专心致志、一心一意等。就像聚光灯以外的事物都处在黑暗中。看书心不在焉,则说明你注意力不集中,一件微小的事就会使你转移目标。

注意力就是能够将焦点或意志集中在某一件事物或游戏上,而不被外界刺激所干扰的能力。每个人的集中注意力的时间的长短不一,一般而言,会随着年龄、发展情况及个体差异而有所不同,年龄愈长,注意力持续的时间也会相对增加。另外,每个人的本身特质也是不同的,所以,本身的个性特质、学习环境的安排及对学习内容的兴趣,也是影响注意力的主要因素。

注意力又可分为无意注意、有意注意和有意后注意三种。

无意注意是没有预定目的,被动地、自然而然地发生的注意。它不需要作出任何努力。引起无意注意的原因是刺激物的特点和人本身的生理状态。

有意注意是有预定目的、主动地为一定任务服务的注意。它是自觉的,并需要作出一定的努力。

有意后注意指有自觉的目的,但不需要意志努力的注意,也称为随意后注意。这种注意常常是由有意注意转化而来。当有意做一件事做到熟能生巧的时候,再去做这件事,就不需要作出很多的努力,自然而然地就专心地做了。举个例子来说,在上音乐课的时候,最初的时候往往需要一定的努力才能把自己的注意保持在这件事情上,但是在对音乐发生了兴趣以后,就可以不需要意志努力而继续保持注意了,而这种注意仍是自觉的和有目的的。

由此看来,"有意后注意"有"无意注意"和"有意注意"的某些特征。它服从于活动的目的和任务,可以轻松地完成长期、持续的任务。

关于注意力,还有很多的方面需要注意。比如说,心理学家经研究证实,任何有意注意都不可能持续超过 20 分钟。但如果在其中穿插一些放松活动或轻松的内容,能让注意力短暂地离开当时的活动休息一下,那么注意力就可以多维持几个小时。为了维持有效注意,现在学校的一些活动都被分割成 15~20 分钟的时间段分别来进行。而学校一节课的时间,我们知道,也在随着对学生注意力研究的深入而不断改变,以前是 45 分钟或者 50 分钟一节课,最近几年,全国各地都纷纷采用 40 分钟的做法,理由是学生的注意力不能集中那么长时间,而学校里的老师也常常被告知,一节课的前 20 分钟是注意力高度集中的时段。

现在,很多家长都在发愁,"挺聪明的人,为什么学习成绩就是上不去?"其实现在不光是青少年,许多工作多年的成年人也发现,繁重的工作、快速的节奏,不仅导致记忆力下降,而且注意力更容易分散了。所以家长一定要提高警惕,如果一个脑子很聪明灵活的人在学习上却很成问题,那么十有八九是他的注意力出了问题。

魔力悄悄话

注意力是其他所有能力的支撑点。因为没有任何一种能力是不需要注意力的。没有注意,其他所有的事情都是徒劳。人不能在完全无意识的情况下做出成就。

二、注意力集中的好处

从某种程度上来说,注意力是人的智力的一个重要指标,是记忆力、观察力、想象力、思维力的准备状态。只有注意力集中,才能较好地学到各种知识和技能。由于注意,人们才能集中精力去清晰地感知事物,深入地思考问题,而不为其他事物所干扰;没有注意,人们的各种智力因素,观察、记忆、想象和思维等将得不到一定的支持而失去控制。

对于青少年来说,注意力在其心理的发展中具有重要意义。他们在游戏、作业、活动中,要感知事物,在各种事物之间进行联想,思考问题,如果注意力不能指向、集中在所要感知、回忆、思考的对象上,他做起事来就无疑要迟钝很多。他的各项能力的发展也肯定要慢于其他人。许多观察和实验都表明,每个人智力的发展与他们的注意力的水平有很大的关系。注意力集中、稳定的人,智力发展较好;而注意力不集中、不稳定的人,则智力发展较差。而与此对应,注意力的发展不仅影响青少年智力的发展,而且也影响他们对新知识的接受效果。那些学习新知识效果不好的学生,往往是注意力不能集中的学生。因此,有的学生虽然自身十分机灵,但是因为注意力总不能集中,学习成绩并不见得多好。

几年来通过对超常儿童的研究发现:超常儿童的注意力都是非常集中,而且能够在较长时间内保持这种集中,他们看书、画画、听老师讲课都能坚持数小时不转移,正是由于有这种注意力,才使他们学习效率高,掌握知识迅速、牢固。其实不仅仅是超常儿童,有所成就的名人,如果阅读他们的传记,你就会发现他们都有做某事的时候注意力十分集中的特点。

那么注意力集中到底有什么好处呢?下面我们来具体说说:

首先,注意力集中可以提高学习能力。当学生能够把注意力集中于某件事情的时候,他们就会主动去探求未知的东西,寻求解决问题的办法。

比如,经常喜欢搭积木的人更容易掌握组合与分解的知识技巧,这可以提升数学思维能力。

其次,注意力集中可以激发好奇心。当注意力集中时,就可以深入地思考问题。比如有一个人在搭积木时,开始可能只会往上码高。逐渐地,他会试着往左右搭,或组成新的图形。

再次,注意力集中可以锻炼毅力。当一个人热衷于某一件玩具并长时间摆弄时,不知不觉中也锻炼了他的恒心和毅力。注意力游戏还可以克服散漫的习惯,能够沉着冷静地处理问题,形成稳定的心理素质。

最后,注意力集中还可以提高自信心。注意力集中的人,由于能够专心于自己所做的事情,所以更容易获得满意的结果,更能体验到成功的快乐。如果再得到父母的夸奖,他们就会更加自信。

魔力悄悄话

在生活和学习中,很多事情都说明,注意力的培养是件十分重要的事,它关系到一个人智力的发展,影响他学习的效果,因此必须从小加以培养。

三、什么是注意力不集中

心理学研究发现，人的注意力是很难长时间集中的，尤其是青少年。"走神"其实是正常的心理现象。青少年的注意力很容易受外界环境的干扰而走神，会因为内心的情绪波动而被干扰，这都是正常的心理情绪。教学上通常每节课只安排 40 或 45 分钟，而常常说前 20 分钟效果最佳，就是这个道理。注意力不集中的主要表现有以下五条：

1. 稳定性差。上课坐不住板凳、东扭西扭、小动作多，老师一见就头疼。回家写作业磨蹭，凳子上好像长了钉子，屁股就是暖不热，做作业拖拖拉拉，你在旁边火冒三丈，他无所谓，照样东张西望。

2. 无法持续做一件事。即使能坐住板凳，但是也坐不长，做作业写写停停，慢慢悠悠，总是写不完，边写边玩，抗干扰能力差，俗称"没常性儿"。

3. 粗心大意。眼皮底下的东西找不着，做事粗心大意，经常漏题，漏看小数点，阅读速度慢、重复多，细节辨认能力差，长大后总是"没眼色"。

4. 集中性差。上课溜号、发呆，一会想东、一会想西，看起来在听讲，实际漏听了很多，作业抄错、算错，考试看错、写错，总之，都是粗心犯的错，学习成绩就可想而知了。

5. 对外界的刺激反应迟钝。上课时一个问题没懂，就死盯着这个问题，不再关注老师讲的其他内容。上课半天了还在想着下课的事情。或者还沉浸在上一节课的问题中。

注意力不集中的原因甚多，在生理方面，若身体不适，精力或知觉发展不良，天生好动，以及神经系统或大脑微功能发生问题时，都会出现注意力不集中的现象，这些情况都必须由医生检查和治疗。

提高注意力，家长还需多配合。家长都想知道如何让孩子尽快适应学习生活，很关键的一点就是提高他们的学习成绩，就要培养和训练他们的

注意力,使他们养成专心致志的读书习惯。具体做法是:

1.培养集中注意力的能力。注意力集中很重要,这可以使学生比较快地完成作业,而且质量好、效率高。善于集中注意力的学生学习起来比较省劲儿,效果比较好,也因此有更多的时间休息和进行娱乐活动。在小学低年级阶段的学生主要是要养成良好的学习习惯,稳定持久的注意力,这是培养良好的学习习惯中的最重要的一方面。

2.安静整洁的学习环境有利于培养注意力。书桌上除了文具和书籍外,不应摆放其他物品,以免分散学生的注意力;抽屉和柜子最好少放东西,尤其是玩具,以免他随时翻动;书桌前方除了张贴与学习有关的地图、公式、拼音表格外,不要贴其他吸引注意力的东西;另外,不要一边看电视,一边做作业,或者一边聊天一边做作业。

3.一定的时间限制。有些父母因为孩子的注意力不集中就在他们身边"站岗",这种方法并不是特别有效,而且长期下去会使他们产生依赖心理。应设置一个合理的时间范围,让他们在规定的时间内完成作业,或者其他的事情,对时间产生概念。同时,父母应该了解,注意力持续时间的长短与年龄有关:5~10岁是20分钟,10~12岁是25分钟,12岁以上是30分钟。因此,不要试图让六七岁的孩子持续60分钟做作业,这是不科学的。

4.不要唠叨,不要过多重复。有的父母不放心,一件事要反复讲几遍,这样孩子就习惯于一件事要反复听好几遍才能弄清。而这时候,当老师只讲一遍时,学生就无法很好消化老师的内容了,也就谈不上取得好的学习效果。

魔力悄悄话

人的注意力是很难长时间集中的。"走神"其实是正常的心理现象。青少年朋友在培养自己的注意力时,只要掌握科学的方法,就能开个好头,养成集中注意力的良好习惯。

四、注意的功能和特征

注意是一种复杂的心理活动,它有一系列功能,也有自己的特征。注意的功能主要表现为以下几个方面:

1. 选择功能

注意的基本功能是对信息选择,使心理活动选择有意义的、符合需要的和与当前活动任务相一致的各种刺激;避开或抑制其他无意义的、干扰当前活动的各种刺激和事物。

比如,在上体育课时,一开始注意力并不集中,可能还在忙着打打闹闹,朝同学做鬼脸,大喊大叫等,但是体育老师集合的哨子一响,此时此刻无论操场上其他的人在干什么,这个班的学生就会迅速跑过来集合。这就是注意力选择。

为着某种纪律的约束,在需要的时候选择一项作为自己注意力的焦点。我们在图书馆看书的时候往往也是这样,有时候到了中午要去吃饭的时候才发现自己旁边坐的是认识的同学,这就是注意的选择性。

2. 保持功能

外界信息输入我们的大脑之后,每一种信息都必须通过注意才能得以保持,如果不能保持的话,那么一件需要长久注意力的事情就无法完成,比如,思考一道数学题,如果注意力在一定时间内无法保持,那么在问题解出来之前就会转移,而你也别想解出这道题。

因此,需要将注意对象的一项或内容保持在意识中,一直到完成任务,达到目的为止。

比如,在学校上课的时候一节课一般是 40 分钟,内容可能涉及听讲、记笔记、练习、思考等,对学生来说,就是这 40 分钟内都得把注意力维持在一定的水平上,维持在听课这一件事情上,否则就无法连接各项内容,学习也就没有效果。这就牵扯到注意力的保持。

3. 对活动的调节和监督功能

有意注意可以控制活动向着一定的目标和方向进行,使注意适当分配和适当转移。

比如,上课时,注意力比较集中的学生听到窗外的鸟叫蝉鸣不为所动,继续听课。

在高度注意的时候他们的姿势也会保持不变,眼睛紧盯着老师,一般不会说话,搞小动作,因为注意力全部分配在其他方面了,他们没有可以分配的精力来注意其他的事情。这就是有意注意在调整着他们的行为,保证他们的注意集中。

反过来说这些学生的注意力没有分配给窗外。注意力的转移,举个例子来说,上课了,学生们陆陆续续走进教室,随着教师的一声"上课",很多学生会把目光收回来,不再跟同学逗来逗去,都把注意力集中在老师的身上,这就是把注意力作了适当的转移。

注意的特征与注意的功能等几个方面有重合之处,它也包括以下几个方面:

注意的稳定性。

注意的稳定性是指在同一对象环境或同一活动上的注意持续时间。

注意的广度。

注意的广度就是注意的范围,是指同一时间内能清楚地把握对象的数量。

注意力——不闻雷霆之震惊

武侠小说中常常形容某些武林高手是眼观六路,耳听八方。就是说他们的注意广度比我们普通人要广得多。

注意的分配。

注意的分配是指同一时间内把注意指向不同的对象。

魔力悄悄话

注意是一种复杂的心理活动,它有一系列功能,也有自己的特征。青少年注意力的培养,需要从多方面去发展。注意力比较集中,相应的学习能力也会比较强。

五、注意力的生理机制

注意力的生理机制是很复杂的,它与脑干网状结构、边缘叶和大脑额叶等脑组织密切联系。

首先,大脑作为一个生物体,都有刺激————反射————加强这么一个不断强化的过程,也有一个不刺激————不反射————弱化的过程。这其实跟我们其他部位的条件反射的形成有着同样的原理。反复刺激的结果就是,一旦存在这个条件,相应的反射就会自动随之而来。

比如说,有的人全神贯注地做一件事几分钟就会烦闷头疼,有的人却可以几个小时地研究一件事而心平气和;或者说有的人看漫画书可以三五个小时专注其中,对外界一切不闻不问,仿佛处于真空之中,但学习的时候却一分钟都不能坚持;有的人却相反,对漫画书一看就烦,但对数学中复杂的运算、推理越玩越上劲,为什么呢?

对大脑来说,每种活动都是分区域的。比如说,玩同一种游戏的时候动作不断地重复,此时大脑玩游戏的这部分区域不断刺激————反射————加强,加强到一定程度之后,一切都是自然而然的,毫不费劲。而与此同时,大脑的其他区域却几乎处于不用的状态,这时再去进行需要其他区域参与的活动时,相比较之下就显得生硬了。

从微观上来讲,强化一个区域的过程也是神经活动加强的过程,在脑部进行活动的时候也涉及脑电的活动,脑部微生物电流不断地在同一区域进进出出,就好比在开路一样,加强到一定程度,这条路越来越通畅,手眼对这一动作的协调能力也越来越好,脑电流通过顺利,形成习惯性的能量平衡体系。打个比方来说,就是第一次通过的时候好比在开辟道路,扫清道路上的各种障碍,下次再过的时候没有了路障,就特别顺利,等到这个动作不断重复到自然程度的时候,这条路走起来当然比其他的要顺畅多了。

所以,这就是为什么有的事情我们越干越觉得快乐,比如推理数学题的时候乐此不疲,或者看漫画的时候对外界一切充耳不闻,这是因为大脑适应了这个过程,驾轻就熟。

注意力和大脑的前庭器官有关。最初这是由美国一位心理学家提出来的,最近几年得到了国内外科学界的反复证明。生物学研究表明,儿童在成长过程中通过各种感官接受外界的刺激,然后把这些刺激传达到大脑,经由大脑整理、总结、组织后做出正确反应。而大脑要想快速有效地处理这些信息,各个功能区就必须协调一致才能做出正确的反应,否则的话就会出现失误,这就是所谓的前庭平衡。

前庭平衡失调的学生有一些特点,比如躁动不安,上课时候老是东张西望,爱做小动作,摆弄摆弄这个摆弄摆弄那个,注意力无法集中,上课不专心,爱发脾气等。这些都是多动症的明显特点。有的人还可能出现语言发育迟缓,说话晚,语言表达困难等。

另外,前庭器官控制人的重力(地球引力)感和平衡感。一旦前庭平衡功能失调,就会有诸多表现。比如说左右不分,方向感不明,经常磕磕碰碰等。在对距离进行目测的时候也常常出现问题。比如,由一个前庭失调的人可能会有这样的经历,他要从一块悬木下过去,还没走到的时候根据目测,觉得到了,就低下头想过去,结果这个目测结果是错误的,他抬起头的时候才刚好是在木头下,于是一抬头就一头撞上去了。还有很多经常跌跌撞撞的人这样说,看见前方有一个桌子,目测的结果是自己能从旁边过去,但是结果却是猛地撞了上去。但是,前庭平衡失调的人智力都很正常,因此很难引起家长的高度重视。

魔力悄悄话

总之,家长要根据注意力的生理基础来对各方面进行调整,特别是在条件反复方面,应该加以培养,培养注意力方面的条件反射。

六、注意力与听知觉、视知觉

大家知道,上课基本是听讲的过程,有专家统计,小学生50%上课时间是在听老师讲话,但常常有一些儿童上课不能长时间专心听讲,注意力分散;经常充耳不闻,无法理解老师讲的知识;复述老师讲的内容也是语无伦次……

还有一部分学生有这样的问题,他们经常性地没有听清老师布置的作业或者听错、听漏。很多刚上学的人在小学一二年级的时候每天都无法记住老师所布置的作业,或者当时记住了,回到家开始写作业的时候却手足无措不知道要写什么,这种现象并不少见。很多家长不以为意。其实这些表现都是不能准确地听全、听清楚细微之处所造成的,也就表明听觉集中、听觉分辨能力、听觉转移、听动协调能力较差。这些问题常困扰家长和老师。听觉训练可以有效地改善儿童的注意力水平,提高听讲质量。

粗心表现在学习上无非是看错、看漏,抄错、抄漏。在阅读过程中经常表现为漏读、错读;写字、做算术题时,把相近的汉字、数字、演算符号看错、看漏,抄错、抄漏,甚至会把对的计算结果抄错。这些表现都是不能准确地看全、看清楚细节所造成的,也许你也看出来了,这些都跟视觉有着密切的联系,也就表明这个人的视觉集中、视觉分辨、视觉广度以及视觉转移、视动协调能力较差。

有的学生上课思想开小差,除了在想其他的事情,课堂内容听不懂,理解力差等原因外,就是注意力的某些方面较差。例如,老师讲的前一个内容还听得好好的,当老师讲下一个内容时,他的思想还停留在第一个内容上,表明注意转移差。

还有的学生,上课不能坚持听讲,有一点风吹草动,注意都会被吸引。表明主动注意减弱,而被动注意较强;或者手里总要玩个东西,致使注意力分散。

总之，"注意力不集中"形成的原因虽然很复杂，但它的种种表现都和视知觉、听知觉的涣散有着密切的关系。

视觉和听觉都牵扯到注意力的问题。我们可以把注意力分成听觉注意力和视觉注意力。

视觉注意力包含了几个层面：

1.东西出现在眼前，能不能注意到；

2.注意到了之后，能不能保持，保持的时间是多少；

3.注意的选择，如果眼前不止一个对象，要选择注意哪一个，忽略哪些不相关的；

4.注意的分配，必须同时注意两件以上事物的时候，能够妥善分配及应用。

在学习和工作中视觉记忆力也发挥着重要的作用。视觉记忆力是在注意力的基础上记忆的。孩子时期初开始辨别事物的时候，把现在看到的东西和以前的经验做比较，加以分类、整合再储存在大脑中，即所谓的视觉记忆。如，妈妈一开始指着狗，告诉他这是狗，他看到狗有四只脚的特征，日后只要看到四只脚的就会说这是狗，直到记忆累积越来越多，分类越来越细，就能进一步发展出辨别各种动物的能力。

这种分辨能力进一步发展就是更加细致地分辨事物之间的关系，比如能认出物体之间特征的异同点，接着进行配对。小朋友从经验中知道不只是狗有四只脚，猫、狮子、长颈鹿都有，会正确加以区分。另外还包括分辨东西的颜色、质地、大小、粗细、形状、位置、环境等，也能根据事物的部分特征来推断出其他特征。

视觉想象指的是能想象出不在眼前的物体，并能够在一定程度上通过某种途径把该事物复原。如，老师说"画一朵花"，儿童能够听到话之后想出花的样子，最后画出正确的图。这无论是在观察阶段还是在绘画阶段都需要高度的注意力去注意事物的特征，进而把它描绘出来。因此，无论缺乏观察力还是在绘画阶段的辨别力，都无法有效完成一项任务。

视知觉不好就会看错数字，有的会把一行字在念的时候念得颠三倒四，有的会在试卷上把题目看错，这都与视知觉关系密切。

　　听觉注意力与分辨力低下会出现听错相近的内容,听错布置的作业等情况,以及对声音反应迟钝、难以听清嘈杂环境中的声音。听觉记忆力差往往记不全较长的信息、无法复述听到的信息,还有的在听课中途会走神。听觉排序力与理解力差往往听不懂老师的讲课内容、难以理解前后内容之间的关系,从而影响语言表达。

魔力悄悄话

　　听觉的好坏直接影响听课的效果。在提高注意力的同时也要加强听觉能力的培养。听觉训练可以有效地改善儿童的注意力水平,提高听讲质量。

第二章

注意力障碍

注意力障碍对学习与成长都会产生很大的危害,那么这种障碍会有哪些表现呢?

心理学研究表明,注意力不集中会导致认知能力缺陷,即这些人的智力平均比一般同年龄的智商少 5~15 左右,视动协调能力也比较低。此外,他们的问题解决能力与规则形成能力也明显有困难。

一、注意力不集中的症状

在日常生活中经常遗失工作或活动必备之物。以至于出门总要折回来取东西,有的甚至要来回往返很多次。经常受外界刺激影响或分心。稍有风吹草动就转移注意力。在日常生活中经常遗忘事物。

有的时候忘记得干净彻底,以至于好像大脑被洗过了一样。注意力分散,有多种表现形式,常见的有:

1. 眼神无光,其实很多时候一个人注意力是否集中,只需要看他的眼睛就够了,一般注意力不集中的时候都会盯住一个地方不动,显得非常呆板和傻气。

2. 东张西望,这是注意力分散的一个最明显、最常见的表现。

3. 困乏,有的学生在课堂中以书本为遮蔽物而呼呼大睡。在课堂中会呼呼大睡,可能是由于自身或者家庭的因素而影响他们正常的休息,所以要对他们的课后生活和家庭情况有所了解并给予相应的解决方法。

4. 想问题总是不由自主地跳到别的地方。明明刚才想着这件事,一会儿又莫名其妙地跳到另一件事。

5. 易受干扰。常丢失书本、功课、玩具。容易厌烦。不遵守规则。

6. 经常动个不停、难以安静地坐下来。在问题未说完时抢着说答案,没有耐心等待轮候,常打断或侵扰他人的对话或游戏。

7. 有为数不少的学生写作业的时间过长,有的家长称天天陪他们写作业写到十点、十一点,弄得双方都很疲劳。对这部分同学的观察发现,他们普遍注意力很容易分散,注意力的严重不集中是学习时间过长的一个很重要的因素。他们容易为外界的原因而分心,无法集中思想做眼前的事情。例如,窗外小鸟的叫声、同学的咳嗽声都可以使他们立即转过头去。

家长要正确判断是什么情况,不妨想想下面这些问题:

注意力——不闻雷霆之震惊

是不是上课时经常走神,爱玩小动作? 是不是写作业磨磨蹭蹭? 边做边玩? 写字算术特慢? 是不是经常多动不安、心浮气躁,一点声音就能吸引正在学习的他? 是不是智力非常优秀,成绩却与之不符?

如果上面的问题答案是肯定的,那么作为家长,你就应该警惕了,接下来就是有意识地加强他们的注意力,不然等成绩已经跟不上了可就悔之晚矣。

上课东张西望是缺乏注意力的学生的通病,在课堂上,这样的学生就像一个没事人,置身于课堂环境之外,一个人自顾自地表演。这样学习也就不可能好起来。

有一个父母在心理医生那里抱怨:我的儿子今年上小学三年级,从小到大人家都夸他聪明,可是我发现他除了玩游戏或者看电视以外,做其他的事情,都很难坚持比较长的时间,特别容易分心,很少看见他踏实、特别有耐心地去做一件事情。学校老师经常把我请去谈话,说儿子在课堂上东张西望,脑袋像拨浪鼓,一刻也不停止地动来动去,还爱说话、小动作多,弄得教师上课也不安心。可我要怎样来教育他,使他能够和别人一样认真上课?

还有一个父母这样说:女儿10岁了,成绩中上,但上课总是东张西望,一会儿看看同学,一会儿看看窗外,一会儿又摆弄摆弄钢笔橡皮什么的,平时和人说话时也总是动个不停,和她交流多数情况显出不耐烦的样子,除非是商讨她感兴趣的事情。曾怀疑她有多动症,但看她在看小说时那个投入劲,让人又很疑惑,她能连续两个小时一动不动。想想她快要上初中了,真觉得问题严重。

下面这个情况则更加严重:小江是一个五年级男生,从上小学的那一天起,爸爸妈妈就成了家长会时老师批评的常客,还经常被老师请去告状,严重的时候老师甚至每天都能给家里打一个电话,反映的内容一般都是上课东张西望,干扰他人学习。

原来,小江上课总是注意力不集中,经常东张西望,上课的时候还经常莫名其妙地盯着同学看,或者拉着同学看他发现的趣事,结果搞得同学也无法学习。他不是在老师板书时对着同学扮鬼脸引起同学哄笑,就是折了小飞机乱扔乱飞,老师每天不知批评他多少次,可就是不见效。

像这样的学生,在小学校园里是很常见的,但是每个人的原因却又是不同的。有些是因为老师讲课太无趣,有些是因为讲课内容自己听不懂,而有一些则是自控能力实在太差,自己也控制不了自己。家长要帮助他们分析原因,对症下药才有效。

如何才能够改掉这些毛病呢? 我们有几点建议:

1. 不要随便给一个人贴上"不专心","多动症"的标签。这一点很重要,贴标签只会"培养"出你最不想看到的结果。当他们在做作业的时候无法安静下来,家长不要大声呵斥,而是温柔呵护,很多时候他们喜欢在父母的眼前活动,是为了吸引父母的关注。家长要帮助他们分析原因,而不是动不动就不分青红皂白地批评。

2. 要因势利导:好动的人智力很高、充满了好奇心和创造力。家长如果细心观察,因势利导。说不定一个天才的发明家就会诞生了。

3. 一定的时间限制。做作业的时候,要限定一个时间,而不是任由他自己无限期地磨蹭,并且在做作业的过程中,创造一个安静的环境,避免外界环境对孩子产生影响。

4. 制定一个提高注意力和专心能力的目标。这样,你就会发现,在非常短的时间内,集中注意力这种能力有了迅速的发展和变化。

魔力悄悄话

有一些人做事情丢三落四,注意力不集中,一点也坐不住,还经常和别人打架。也许很多人没有想过,他们如果有这些症状,很可能不是一般的"马虎",而是患了病,这种病的名字叫"注意力障碍"。

二、忽略细节，粗心大意

本来会答的题目却答错了，本来很简单的题目却把意思看混淆了，本来清晰的卷面却少答了一道题，本来要交的作业却交错了，本来会写的字却写错了，心里总在提醒自己千万要仔细了，但真到时候，不该错的还是错，不该马虎的还是马虎。这一切很大一部分原因都是由于注意力不够集中。

很多小学生在进行运算时，常常会出现会而不对，或对而不简，或对而不快，表述不严密，不全面等现象。还常常听到一些人本身在分析原因时说："唉！这道题本来是会做的，就是因为粗心大意，所以做错了。"似乎一句"粗心大意"就可以为这些错误开脱。但是从各种事例可以看出，"粗心大意"不是一件小事情，不是"以后注意一点就行了"这么一个简单的问题，"粗心大意"是由于注意力不能集中而导致思维不严密、不严谨所形成的。

除此之外，这种思维不严密、不严谨的习惯在日常生活中还表现为一种丢三落四的毛病。比如，要出门去上学，一会书忘了拿，一会作业本忘了拿，再折回来可能又把拿在手里的伞落下了，一趟一趟，结果折腾半个多小时，来来回回跑上四五趟才好不容易万事俱备能够出门。

有一个小朋友跟我们讲了一个他自己经历的小故事："那天我去滑冰，想着早去多玩一会儿，赶紧着吧，急着忙着拿好公园卡、带上水、塞上耳机蹬车就走了。骑到半道怎么觉得好像忘了点事，我刹住车，腿支着地琢磨着，到底忘了啥了？看看前边的筐，看看后面的架子，哎？冰鞋哪去了？噢，原来没带，切！急死我！"

还有一个正在念书的学生也有着同样的困扰："我目前初三，经常粗心大意,麻烦实在太多了。比如考试时,偏偏有时读题时漏掉关键的字,结果错得离谱。有时思考也经常没考虑多种情况,或者在细节处弄错,丢分的地方大都是会做的……为此我总是背着沉重的负罪感,晚上痛苦得经常睡不着觉。我想努力克制它,我曾尝试着大声地,精确地读一篇文章或一段话,想锻炼自己的认真,但效果总是不太好。"

怎样才能改善这种状况,在此有几个建议:

1.每天早晨用10分钟时间,把一天要做(完成)的事情记录下来。每完成一件就拿笔画掉。这样培养一段时间后,丢三落四的坏习惯自然就会得到改善了。

2.培养全面的思考能力。比如,遇到一件事的时候换个角度去想都会出现什么样的情况,需要采取什么样的措施。如果能站在其他角度上去看问题,站在不同的立场上理解事物,就不容易出现取此忘彼的错误。

魔力悄悄话

有意识地在学习的时候,集中起全部精神,以便养成认真严肃的学习态度。"粗心大意"就是由于注意力不能集中而导致思维不严密、不严谨所形成的。

三、做事拖拖拉拉

小猫钓鱼的故事我们都听说过，如果把小猫比喻成小孩，那么钓鱼的过程就是写作业。

很多家长反映，自家的小孩写作业的过程简直同小猫钓鱼如出一辙。在家做作业的时候，总是磨磨蹭蹭，边做边玩，不是要喝水，就是要上厕所，还经常发愣。一个小时的作业量，总要用两到三个小时才能完成，而且正确率也不高。

一个家长就说："我孩子现在已经上小学三年级了，写作业还要有人监督，写得很慢，哪怕是在学校课堂上老师留的作业，到下课时别人都写完了他还没有写完。在家里如果不守着他，写作业会更慢，经常抠抠鼻子、捏捏手、玩玩文具、去去厕所、喝喝水，总是做一些小动作，有时就是守着他，他还会心不在焉、东张西望的，别人用不了一小时的作业，而他经常要用两三个小时才能完成。"

事实确实如此，对于大多数家长来说，与孩子相处的时间集中在每天晚上，而家长在晚上的教育主题，大多集中在他们的家庭作业上。写作业速度慢，效率不高，是家长的头疼问题。

洋洋就是另一个这样的典型。洋洋今年上小学二年级，平时洋洋什么也不用操心，只管学习和写作业就行。爸爸妈妈为了能让他安心学习，每天都是准备好饭菜才叫他，平时吃什么、喝什么准备得一应俱全，早上准备洗脸水，晚上准备洗脚水，就连刷牙时的牙膏也给他挤好了，拖鞋也给他准备好。

令爸爸妈妈痛苦的是他写作业慢慢腾腾，有人陪着还好点，如果爸妈都忙的话，作业就会写得一团糟。但更令他们头疼的是，有时候洋洋根本不知道老师都布置了些什么作业,结果回家之后父母不得不经常给老师打电话问问都布置了什么作业。老师在批改作业时也发现他的作业经常不按照顺序做,而且也不写题号,乱糟糟一团令人眼花缭乱。所以有些题经常会做错或漏做。

洋洋妈妈经常被老师叫去,进行交流后妈妈仔细观察,发现洋洋在家从开始做作业那一刻起就比较混乱。文具不准备好,每次等到写错了,才发现没有准备橡皮;铅笔折断了,才发现没有准备削笔刀,一会儿拿这个一会儿拿那个。所以这中间来来回回就花去好多时间,本来是一个小时就能做完的作业,他就要花两个小时甚至更多。

鉴于很多家长都有这样的苦恼,怎样在写作业的时候集中注意力,摆脱拖拖拉拉的习惯呢? 我们的建议是:

一是多讲讲注意力集中的好处。家长可以平时多强调集中注意力的重要性和重要性。多讲一些名人注意力集中的故事,比如毛泽东闹市街头刻苦学习的例子,还有著名的寓言故事,比如小猫钓鱼等。在心里形成一种观念:注意力集中就是好。

二是在自己的日常生活中体验注意力集中的好处。比如,今天吃饭比较快,注意力比较集中,一会儿就吃完了,家长可以借机说,这样做多么好;再比如,可以赶紧吃完饭后做其他的事情,和小朋友玩,写作业,看动画片,等等。下次遇到表现不好的时候就可以拿出这个例子告诉他,应该怎么做。

三是要一个人集中注意力,还要让他相信自己能够做到这点,这就是所谓的标签效应的利用。

魔力悄悄话

对于青少年来说,他们的思维能力和身体协调能力尚处在发育之中,他们需要引导和鼓励。也许他们在做事情时不知道如何安排做事的先后顺序,也不知道应该集中注意力,更不知道应该如何去集中自己的注意力,只要适当引导,他们就会慢慢前进,注意力就会越来越集中。

四、好动，行事莽撞

多动症也是注意力不集中的一种表现，它通常有两个突出表现：活动过多和注意力分散。

关于活动过多，在婴孩时期的表现是，一个人在胎儿时期胎动就很厉害，在婴儿时期更显得活泼，手脚乱动甚至在吃奶时候也不安静；学走路时经常慌张跌倒，一副迫不及待的样子；老是翻弄可得到的东西，不是拆坏玩具就是打翻碗盆。不过这一点在很多人身上都存在，不足以作为判断一个人多动的证据。家长需要做的是继续观察。

再稍稍长大之后能被称为多动的人表现就有点失常、讨人嫌。他们的表现是：不论在何种场合，都处于不停活动的状态中，如上课不断做小动作，敲桌子，摇椅子，咬铅笔，切橡皮，撕纸头，拉同学的头发、衣服等。平时走路急促，慌慌张张不是撞到人就是撞到桌子椅子，或者跌跌撞撞的经常摔倒。他们还爱奔跑，活动时迫不及待，经常无目的地乱闯、乱跑，手脚不停。

这样可能会出现的问题是，由于胆大不避危险、不计后果，而且很多时候他们往往也不能预见自己行为的后果，因此总是凭着本能行动。

尤其在情绪激动时，可出现不良行为，如说谎、偷窃、斗殴、逃学、玩火等，敢翻墙爬高，喜争吵打骂，常称王称霸。

大多数有多动症的人还有一个问题是冲动。一个突如其来的念头就会让他们激动不已，不去想后果，一激动就行动。这类人情绪不稳，自我控制能力差，易受外界刺激而过度兴奋，易受挫折。行为不考虑后果，出现危险或破坏性行为，事后不会吸取教训。

其实，无论是多动还是冲动，这样不停地动来动去注意力是不会很好的。之所以这样多动和冲动就是因为各种念头和不同的物品总是能不断地吸引他转移注意力所致。所以这一点实际上跟注意力不集中密切相关。

如何进一步区别一个人是多动症还是只是调皮好动?

1. 多动症儿童无所谓兴趣和爱好,无论何时何地,他们不能较长时间地集中注意力。他们做游戏的时候也不能全神贯注,常常半途而废,而调皮的人在做游戏的时候是可以静下心来的。

调皮好动的人做自己感兴趣的事情的时候能专心致志地去做,并讨厌别人的干涉和影响。他们只有在对一件事情缺乏兴趣的时候才会注意力涣散。

2. 多功症患儿的行动常呈冲动式,缺乏组织性;多动的人做事时往往不经思考就行动,非常冲动。他们没有耐心,情绪很不稳定,一会儿突然大哭,一会儿在几分钟以后像没事人一样有说有笑。而调皮好动的人的行动常具有一定目的和安排。

3. 好动的人在严肃的、陌生的环境中,有自我控制能力,能够在相应的环境中保持一定程度的安分守己。但是多动症患儿却没有这种自控能力,常常惹人厌烦。

多动的人的注意力停留在一个事物的时间很短,很容易被外界的声响等刺激分散,而这种注意力分散是不自觉的,不能控制的。

在区分多动与调皮好动的时候,有几点需要注意。

第一,正如前面所说,婴孩时期好动是普遍特性,大部分人都这样。事实是,几乎所有的学龄前儿童都或多或少有类似的症状。因此,多动症的诊断只有到了6岁以后才能下结论。对6岁以下的孩子大多数医生都不会将其诊断为多动症。

第二,即使是6岁以上的人,要确诊为多动症也具有一定的难度。医生在下结论的时候要在一定程度上参考家长和老师的评价,而家长和老师的评价也经常会存在分歧:有些人的多动是分场合的,某些场合就特别兴奋,某些场合会由于种种自身的原因而不愿动弹。这样家长和老师就会得出不同的结论。

第三,多动症还可以表现为不同的症状,有的表现为注意力障碍,有的是多动,有的则冲动,等等,症状不一。不过,专家指出,注意障碍是多动症必须具备的症状。

注意力——不闻雷霆之震惊

如果你想知道自己是否存在注意力方面的问题,最好向医生咨询,他们可以通过研究症状的细微之处来区别是多动症还是其他类型的精神紊乱等问题。

魔力悄悄话

好动,有时是活泼调皮的表现,有时可能就是注意力不集中,是多动症的表现,需要老师和家长合理引导,健康发展。

五、精神游离

在中小学生当中,"上课走神"具有普遍性。"上课走神",实际上就是注意力不集中的典型症状。就是我们在做一件事的时候,大脑把全部精力都倾注于与之无关的另一件事,而不是把注意力投注在正在做的这件事情上。

静静聪明伶俐,小学六年,她的成绩一直很好,老师对她也欣赏有加,爸爸妈妈觉得很省心。可上了初中以后,她看起来似乎仍然很乖巧,可是成绩却一天天地下降,老师也开始向家长反映情况,说她上课反应迟钝,提问的时候半天回不过神。再看看她的试卷,每次都会出现很多不应该出现的低级错误。

回到家里,妈妈细细问静静上课有没有走神,注意力够不够集中。静静坦诚地告诉妈妈,某某老师的课上得比较枯燥,所以总是无法把注意力集中到课堂上去。还有,第三四节课的时候总是饿得不行,饥肠辘辘的时候老想着放了学怎样尽快冲回家,午餐妈妈会煮什么好吃的东西等。

这个案例说明了什么问题呢?说明早餐的重要性。吃得过饱,上第一节课的时候会坐着不舒服,从而影响注意力,而吃得太少,到了中午的时候肚子饿得咕咕噜噜叫,全身乏力,也不可能全神贯注地学习。

总之,"走神"的原因,有内因和外因。如睡眠不足与课业负担造成的疲劳,学习兴趣习惯方面的问题,还有课堂本身不够生动有趣等。另外还有"课堂干扰",比如有同学讲话、课堂纪律差等也会影响上课的注意力。家长要对症下药,进行适当的引导以改变这些状况。

那么,对于学生老走神,总是喜欢神游八极,家长该怎么办呢?我们的建议是：

首先家长要分析出现问题的原因：

1. 青少年的自控能力不佳，容易受到外界刺激的干扰，比如窗外的知了声、雨声、风声、雷声、操场上体育课的喧闹声、电风扇的转动、阳光的照射等，都能引起他们思想分散。

2. 老师讲课艺术欠佳。很多老师没有讲课技巧，课堂气氛沉闷。学生处于这样的环境中，提不起精神也是可以理解的。

3. 可能是基础差。虽然很想听但是听不懂，久而久之就干脆不听了。

4. 饥饿感。饥饿感会让人精神不佳，无法集中注意力。

所以，家长只有在了解了原因之后才能寻找到解决的办法：

第一，家长要与老师进行真诚的交流，让老师在课堂上多给他一些发言的机会，同时，对于他的进步及时地给予表扬。第二，要掌握正确的学习方法，不要因基础差而影响听课的质量。第三，一起预习。预习相当于提前给一个人的潜意识中设定了一个场景，就像看电视一样，当老师讲课的时候，他会回忆起他所看到的东西。

这样，找到问题的症结加以纠正，那么爱走神的毛病自然就会消失了。

魔力悄悄话

精神的集中，受多方面的因素影响。创造良好的外部环境，有效提高青少年的注意力。出现问题家长要对症下药，进行适当的引导以改变这些状况。

第三章
注意力缺失的危害

学习成绩靠什么?一个人的智力。人的智力是由观察能力、记忆能力、思维能力、创造能力、想象能力及操作能力等组成的。在学业生涯中,最重要的是记忆和思维能力。大量的知识需要孩子去记忆。而记忆的基础是注意。科学研究表明,人在集中注意力时,大脑皮层相应的区域就会产生一个优势兴奋中心,在这一皮层部位,新的记忆就容易建立,旧的记忆也容易恢复,学习起来就会事半功倍。

一、压力倍增,心理问题

注意力不集中的表现多种多样。在某些人身上,会表现为丢三落四,在某些人身上,会表现为恍惚神游,有些人又表现为多动,有些人则表现为记忆力下降,老师、上级布置的作业和工作经常忘记做。总之,注意力不集中的现象往往在每个人身上表现不同,因人而异。很多现象很多人都遇到过,我们也常常感到司空见惯。

有时感到可笑,但造成比较严重的后果时又经常为之苦恼。而对于有些人来说,问题已经严重到了影响工作、学习和生活的地步。这样一来,压力就来了。

人的一生中总会遇到一些精神压力,尤其是在学生时代,压力显得更为严重。

这些压力有来自学校老师的;有来自家长的;有来自自己的;有来自同学、社会的。对于注意力不能很好集中的学生来说,各种压力会更大。

现在社会衡量学校好坏的标准几乎就是升学率,升学率高的学校才能得到广大家长和社会的认可。在这个标准的作用下,学校和老师都以成绩为重。

学生如果注意力不能集中,那么成绩的下降将不可避免,老师的责难和冷眼也会接踵而至,家长也会不断地被叫到学校听任老师批评。

家长的情绪再转移给学生,他们的压力就越来越大,对上学就会变得越来越恐惧。

有些学生自身对自己要求也比较高。他们有着远大的理想和抱负,希望有理想的成绩,注意力不集中会让他们越来越急,焦急之中注意力更难集中,恶性循环一旦开始将很难停止。这种压力足以让一个学生崩溃。

再则,来自同学的竞争也非常激烈,激烈的竞争加上自身状态不好所产生的焦虑,也是造成压力感的主要原因之一。

除了这些压力之外,在人际交往中,因为注意力不集中而导致的遗忘和丢三落四,会成为同学的笑柄。什么事都不可托付,什么事都做不好、记不住,同学就会渐渐疏远,这又给他们带来另一重的压力。

有这么一个学生,就是这种状况。首先是学习。父母的期望很高,可是她一上课就走神,心不在焉神思恍惚,一次,老师提问,问了几遍她还没有回过神来,答非所问,同学在下边哄笑,老师气得发抖,不由得一阵恶语相向。

她足足有一个月都低着头走路,见人就胆怯。她的成绩就在这种氛围中江河日下,老师也不再理她。

除此之外,她的健忘在同学之间也出了名,大家都叫她"迷糊"。同学托她买笔都不敢,因为要买红的,她买成了蓝色的。她天天找不到自己的文具和课本。

有时候为了表示友好,她主动要帮别人忙,同学也纷纷拒绝,"就你那记性,算了吧,越帮越忙。"渐渐地她觉得别人都跟自己有了距离,同学一起玩耍时她总是躲在一边不敢往前凑,

就这样,她感到压力越来越大,天天一个人在一边疑神疑鬼,总觉得同学在取笑自己。

她的注意力也越来越糟,上课想着不能走神不能走神,却总是不由自主地走神,下了课自己又懊恼沮丧得想哭。最终父母带她看心理医生,医生说她因为压力过大,已经患上了严重的抑郁症。

一个人可能已经处在压力之中,如果遭遇这种情况,怎么办呢?除了从根本上做,帮助他集中注意力之外,还有几种减压方法。

1.鼓励青少年找人倾诉,心理学表明,把自己遇到的压力、烦恼对别人说出来,有宣泄的作用。就像治水,合理的做法是疏导而不是堵截一样,我们心里的压力也是不能堵截的,堵截只会适得其反,而要加以合理的疏导。这种方法适合压力较轻时。家长要时时注意他的情况,倾诉对象要找可以信赖的人,如家人和朋友。

2. 把压力写出来,自己跟自己倾诉一番,这样可以讲清内心的压力和负担。比如可以写写日记,记录自己每天遇到的压力,写写自己的感受,写写自己是如何应对的,以后要怎样做,或者写写自己这样纠结究竟对不对,有的时候,很多人自己嘲笑自己一番,自己对自己感叹一番,心里的压力就悄然而去了。而且这样做的好处是,这样就相当于有了一个可以随心所欲谈话的对象,不至于憋在心里出现心理问题。

3. 亲近大自然。人类是在大自然中生存发展的,大自然会让人感到亲切。心理学实践证明,当我们心里有事情纠结解不开的时候跑到大自然中,让全身心融入自然,在山川树木这样的环境里因为视野开阔,触目皆是美景,因而很快就会忘却烦恼,从而让压力慢慢缓解。因此,如果压力过大的话,家长带着他或者让他自己去徒步旅游、爬山,其实这也是一个跟自然、跟自己交流从而解压的过程。如果条件不允许,可以考虑到公园、草地上独自畅游一番,自己整理一下自己的思路,思考一下自己的问题,到草地上躺躺,到大树下睡一觉等。有时候大自然会帮我们解开心结。

4. 顺其自然。引导青少年从另一个角度看问题。心理学表明,顺其自然可以让人保持一种正性的、积极的情绪,有利于心理健康。在遇到压力时,不妨想想世界上一定还有很多压力更大的人,自己并不是唯一的一个,也不是最糟糕的那个。这实际上是一种心理平衡策略,就是我们平时所说的"阿Q精神"。这样想,可以帮助人更客观地看待问题,不必纠结在为什么我是这样子,为什么这件事没有发生在别人身上等。通过别人存在的压力来减轻自己的压力。但是顺其自然并不是放弃,而是要努力争取结果,要有更明确的努力方向。对于特别大的压力,顺其自然可能并不太合适。

5. 分散注意力。产生心理压力后,如果一个人发呆,对心理调适能力比较强的人来说,也许静坐一会儿自己就能想通,但是对于心理调适能力差的人来说,也许静坐反而会恶化心理问题。因为注意力集中在压力本身上。所以对于这样的人来说,就需要分散注意力。心理学研究表明,分散一下注意力,如参加一些文体娱乐活动等,甚至是看电视等,都可以淡化压力。但这一减压方法适合压力不是很大的人。有专家认为唱歌是分散注意力、宣泄压力的好方法,到了KTV昏暗的灯光下,爱唱什么唱什么,爱怎么吼就怎么吼,可以让压力得到很好的缓解。

6.投入到一件事中。当全身心地投入到一件事情当中,你会体会到其中的乐趣,从而忘记压力。心理学研究表明,这种"忘我"的境界减压效果很好。因此,面对压力时,我们可以通过阅读一本很有趣的小说或者看一部自己特别感兴趣的电视剧等来转移自己的注意力。或者有时候可以通过整理房间、书桌等一些让人充满成就感的轻度体力活来使自己充满活力。

魔力悄悄话

注意力不集中的学生,除了学习上会有很多困扰之外,会逐渐跟集体疏离,朋友越来越轻视他,因为他似乎总是成事不足,败事有余,干不好一件别人托付的事情。这样他的朋友就会越来越少,最终对他的身心发展带来不利。

二、身体不适随之而来

压力不仅可带来负面的情绪反应,在其特别严重的时候或承压者心理素质不太好时,容易引发以下的一些身心障碍:

1. 紧张性头痛。人长期处于严重的精神压力之中或突然遭遇强烈的精神刺激时就会总感觉自己的脑袋有压缩感和束紧感。就像带了紧箍咒一样异常难受但是又摆脱不掉。这就是典型的紧张性头痛。

2. 失眠。不用说也知道,一个人在心理压力大的时候就很容易失眠。研究表明失眠与压力有明显的关系。一般情况下,人都有正常的睡眠觉醒的生物节律,有特定的睡眠规律。在压力情境下,人到了该睡觉的时候脑子里却全是某件事情,想来想去,想到头疼欲裂,导致失眠,会破坏人的睡眠生物节律,随之带来一系列其他症状。然后随之而来的就是患者容易疲劳,精力不集中,学习效率下降等。然后再进一步,就会形成恶性循环,失眠越来越严重,而身体和精力也越来越差。

3. 神经衰弱。压力和失眠随之而来的必定是神经衰弱。在日常紧张学习的同时,若还要承受强大的压力,如果不会应对压力,不会适当地调节自己的学习生活就容易引发神经衰弱,导致神经活动过度紧张,兴奋性和疲劳性增加,然后身体上就会出现一系列症状:身体疲劳无力,头痛头晕、心情烦躁,好发怒、易冲动。注意力不集中,记忆力下降。晚上睡觉的时候入睡困难,睡眠不稳,稍有动静就会惊醒。对响声敏感,会产生联想,引起心悸心慌。这是很多高中学生和一部分初中学生都有的症状。这对一个人的自信来说也是致命的打击。

目前大多数学者认为精神紧张是造成神经衰弱的主因。如果一直处于精神紧张中不能解除,内心的矛盾冲突激烈,长期处于有形无形的压力之下,那么一旦超过神经系统张力的耐受限度,即可发生失眠焦躁头疼等症状,久而久之,就变成了神经衰弱。

心理问题肯定会影响身体健康,这是通过心理暗示来起作用的。很多误诊的病人被吓死的病例就是典型的心理暗示的作用。这也说明心理波动会对身体健康有很明显的作用。

总的来说,任何人在其一生中都可能因为工作繁忙、思想紧张或者其他的原因出现几次头痛、头昏、失眠、多梦、疲倦、无力等症状,但大多数人不必担心,过一段时间调整一下就过来了。千万不要对自己健康过分注意,遇到上述不适症状就自我暗示患了神经衰弱。神经衰弱的症状繁多,几乎涉及人身的所有器官和系统。主要有以下表现:

1.精神疲劳,精神不足和容易疲倦。很多人早晨起床后便感到精神不佳,晚上反而很精神。于是形成不良的作息习惯。

2.神经过敏,外界一点小刺激就会烦躁不安,而且怕吵、怕光。情绪不稳,易跟父母发脾气,爱激动,但是体力却很差。

3.头部不适是神经衰弱患者最常见的症状之一。很多人会感觉头脑不清爽,头重脚轻,昏涨,头有压迫紧缩感等,头痛多在上课、做作业、遇到一点困难、紧张、心烦焦急的时候加剧。

4.出现失眠的症状。每当夜深人静时,就躺在床上胡思乱想,焦虑不安,如此反复,形成了恶性循环。常见的还有多梦,易惊醒,早醒和夜间不眠。

总之,家长要十分注意,因为神经衰弱一般情况下是没有很好的药物可以治疗的,一旦学生在学业的压力下出现神经衰弱,那么很可能就会一直伴随着这种症状。

魔力悄悄话

很多人的这种身体状况基本上都会伴随着注意力不集中,注意力不集中导致压力,压力导致失眠等,失眠带来更多的压力,进而导致大脑疲劳不堪,而这反过来又影响了心理状态和注意力。

三、课堂学习效率低下

一般我们说注意力不集中,往往是说他有意注意不够集中,不能按照特定的目的来集中,或者集中的时间不够长。

心理学上说,注意力是个体对外界对象的指向与集中,首先是指向,也就是定某物为目标,然后是集中,也就是把能量发射对准目标。这是最常见的一种心理状态,日常生活中我们处处说注意,比如,注意看、注意听、注意观察,注意思考等,不管做什么,都与注意密切相关。要想完成一件事情,就必须"注意"才行。

从另一方面看,青少年的学习,除了智力因素以外,非智力因素起了相当大的作用,其中,注意力是决定一个人学习成败的关键。在课堂教学时,需要有较长的有意注意。无论是听老师讲课还是看书时真正用心,学生都是课堂的主体。因此,课堂上的注意至关重要,否则其他任何智力因素都不起作用。可以试想一下,假设一个学生记忆力超群,可是如果他一眼都没看,没去记忆,那么记忆力再好也是枉然。在课堂上,注意力集中的表现就很单一,认真听讲,积极举手发言,眼睛随着老师转动,积极对老师的每一个动作作出正确的反应,这都是他们上课注意力集中的表现。

注意力不集中,上课时不能专心听讲,听着听着就不知道老师讲在哪里,或者稍有动静即转移注意力,这都是成绩不好的根源。这些与智力无关。再则,注意力不集中在做作业时就会出现困难,由于注意力不集中而错误百出,这样无形中延长了做作业的时间,学习效率大大降低,学习成绩也很快会受到影响。

兰兰刚上小学一年级的时候,老师就发现,兰兰上课的时候总是不能够集中注意力。上课铃声响后,兰兰总是磨磨蹭蹭地走进教室,课前学习用品也老是准备不好,这使她上课后很"忙"。另外兰兰还喜欢上课时做小动作,玩笔、橡皮等学习用品。而兰兰的同桌小志却完全是另外的一个样子。小志上课的时候特别认真,喜欢接话,课堂上总是跟着老师的思绪走,老师的每一个动作他都能够作出正确的反应。

同样两个智力水平差不多的人,其中一个注意力比较集中,做事情有始有终;另外一个则东张西望、心不在焉。可想而知,两个人的学习效果肯定不一样,因为注意力是学习成绩的很重要的一个因素。

魔力悄悄话

注意力不集中对一个人影响可谓非常之大,因此父母很有必要对此进行干预。要想提高学生的学习成绩,必须提高课堂效率。而提高课堂效率,必须集中注意力。

四、思维迟钝，记忆力下降

注意力集中是记忆力、观察力、想象力、思维能力的准备状态。缺乏集中力，各种智力因素如观察、记忆、想象和思维等将得不到一定的支持而失去控制。世界上著名的记忆大师也认为，注意力等于记忆力，这给了注意力最好的肯定。因为注意力集中能够改善脑神经的活动，加强大脑对信息的加工处理速度，使大脑和身体相互协调，从根本上提高集中力。

注意总是和感觉、知觉、记忆、想象、思维同时发生。一个人如果没有良好的注意品质，将直接影响他的感觉、知觉、记忆、想象和思维能力的发展，也会影响他做事的效率。注意从始至终贯穿于整个心理过程，只有先注意到一定事物，才可能进一步去感觉、记忆和思考等。许多人上学后学习困难，就是因为注意力没有发展好。

我们看看什么是思维能力。思维是人类智能活动的核心，是借助语言实现的，属于认识的高级阶段。思维有具体形象思维和抽象概括的逻辑思维。每一个人在学习过程中都必然要会思考，否则就要么成绩极差，要么就是白痴。

人的智力水平主要通过思维能力反映出来。思维水平的高低，反映一个人智力活动水平的高低。而训练良好的自我控制能力和持久的专注力，能充分展现一个人的学习潜能，则是注意力的问题。注意力其实就是一个让智力发挥出来的必要手段，如果没有注意力，就跟没有智力一样。而智力不高的人如果能够充分注意，也一定会比没有注意力的人成就要高。因为人类的大脑在单位时间内处理信息的能力有限，所以必须依靠注意力的参与，才能取得良好的结果。所以科学家认为"天才就是不断地注意！"

记忆则是过去的经验在人脑中的反映。它包括识记、保持、再现、回忆四个基本过程。记忆是复杂的心理过程。

注意力——不闻雷霆之震惊

在学习过程中,注意力、思维能力和记忆力都关系重大。首先注意力对思维能力的影响显而易见。在学习的过程中,出现难题是很正常的,注意力集中与否就看在对待难题的态度上。在解决遇到的难题时,注意力集中的人会从方方面面对问题进行长时间的思考。而注意力不集中的人则往往思考一会注意力就会分散,转移到其他事物上去。

就记忆来说,记忆的大敌是遗忘。提高记忆力,实际就是尽量避免和克服遗忘。在学习活动中要想记住什么东西、要想提高记忆力,都需要意识的积极配合。首先是需要有意注意,其次是需要思维能力去理解所要记忆的东西。记忆力与注意有着不可分割的联系。只要进行有意识的锻炼,掌握记忆规律和方法,就能改善和提高记忆力。

提高记忆力和集中注意力是不可分割的。如果注意力不集中,记忆力也是不可能提高的。记忆时如果聚精会神、专心致志,排除杂念和外界干扰,那么就像激光聚焦一点,可以割断钢筋一样,大脑皮层就会留下深刻的记忆痕迹,这样,遗忘的可能性就大大降低,反之,如果注意力涣散,就不可能在大脑中留下很深的印记。

魔力悄悄话

要科学用脑,在保证营养、充分休息、进行体育锻炼等保养大脑的基础上,科学用脑,防止过度疲劳,保持积极乐观的情绪,能大大提高大脑的工作效率。这是提高记忆力的关键。

五、阅读能力很难提高

　　新西兰的心理学家在 20 世纪末对七百多个 10 到 12 岁的儿童的阅读成绩和注意力缺损多动障碍的关系进行了研究,他们分析了阅读成绩落后与阅读能力的因果关系,结果表明,12 岁儿童组,注意力缺损多动障碍对阅读成绩具有妨碍性影响。注意力缺损多动障碍至少是部分地引起了阅读成绩落后。

　　澳大利亚的心理学家也在差不多同一时间用同一方法研究了阅读成绩与注意缺损多动障碍的因果关系。提出了两个解释模式:第一个模式认为,除了家庭文化背景、对阅读的态度和家庭中的阅读活动对阅读成绩具有一定影响之外,一个人的注意力不集中对阅读成绩具有一个直接的、妨碍性的影响。第二种模式假定,注意力不集中与阅读成绩存在着相互影响。研究选取了澳大利亚五千多个儿童,年龄在 5～14 岁,他们把这些孩子分为四个年龄组:5～6 岁组,7～8 岁组,9～11 岁组和 12～14 岁组。然后分别对他们的家庭背景和老师评价作了收集。

　　以上研究指出,注意力是集中还是涣散直接影响读书的效果。如果读书时注意力无法集中,就会出现不时回望前面内容的事情,因为读书是要前后相衔接的,如果前面的内容没有认真记住,后面的就衔接不上,于是就来来回回往返于前后内容之间,而这,恰恰是培养阅读的大忌。

　　小明已经上五年级了,可是他还是只读图片书,从来不读文字。这让妈妈十分着急。而且小明的语文成绩一直很不好,作文常常不及格。于是妈妈给小明买了很多的课外读物,希望能够让小明爱上阅读,但是小明每次看到这些课外书的时候,总是磨磨蹭蹭、东张西望,根本无法集中精神去看书。妈妈为此也很着急。

注意力——不闻雷霆之震惊

后来小明妈妈发现小明喜欢做模型,于是灵机一动就给小明买了一本飞机图鉴的书,小明看到后如获至宝,聚精会神地读得津津有味。而这时候的小明也已经可以看很难读的说明文了。所以家长要根据孩子的喜好提供不同类别的书,每个人个性不同,喜好的东西也不同。从他们喜欢的方向下手,是让他们爱上阅读的最好的,也是最聪明的办法。

总之,读书的目的就是学到更多的知识,要做到这些,就需要在阅读的过程中聚精会神,学会思考。所以说在阅读过程中集中注意力是理解和记忆的前提条件。不能集中,就不能思考和记忆。

阅读是获得好的学习效果的重要途径,要想提高阅读能力就必须集中注意力,不可能有谁一边跟人说着话一边还能记住书里的内容并进行思考,我们只能一次干一样事情。

因此,要想提高阅读能力,就必须首先从注意力抓起。

魔力悄悄话

阅读是获得好的学习效果的重要途径,要想提高阅读能力就必须集中注意力。这是阅读能力提高的第一步,无论如何也避不开的一步。

六、后续自学能力欠缺

有学者对顶尖学府哈佛、剑桥、北大、清华等优秀的学生调查显示,这些学校里的所谓成功学生有高品质注意力! 他们当中的很多人在读书学习的时候是心无旁骛,不在乎身边的打扰的。

我们所熟悉的伟大的科学家爱因斯坦就是这样一个心无旁骛的人。

爱因斯坦年轻的时候,一次,他的朋友来给他庆祝生日。大家都知道他非常爱吃鱼子酱,于是给他买了鱼子酱作为礼物。鱼子酱端上来后,爱因斯坦一边给大家津津乐道地讲述灯丝的材料,一边把鱼子酱送进了嘴里。等他吃完后,朋友问爱因斯坦:"你刚才吃的是什么?"

"是什么啊?"爱因斯坦反问道。

"鱼子酱呀!"朋友笑着回答。

"啊? 是鱼子酱啊?"爱因斯坦有点遗憾地叫了起来。

爱因斯坦之所以会走向成功,和他的专注是密不可分的。没有爱因斯坦年轻时候的专注,就没有后期的成就。

现代教育学的研究也表明;所有人的智力实际上相差无几,要有差别,那只有一点,就是注意力。成绩上的差别,也在于注意力水平的高低。这直接对一个人的发展造成难以估量的影响。

很多青少年早期训练时被训练认字、算数、背儿歌、背古诗等,但是,如果注意力不集中,他就不能够把你教的知识记住,也不可能坐下来好好听讲。再则,上课老走神、多动、交头接耳,老师提问却一问三不知;写作业三心二意、效率极低,家长不盯着就写不完;考试粗心大意,经常看错题、丢题。这些都表明他的学习能力出了问题。

注意力——不闻雷霆之震惊

注意力集中与学习能力有什么关系呢？注意力集中的学生，听课认真，很多事情会在课堂上完成。回家写作业的时候，完成作业也比较快，而且作业的质量比较高。因此，总的来说，善于集中注意力的学生学习起来比较省劲，可以说是事半功倍，轻轻松松就可以把学习搞好，也因此有更多的时间休息和进行娱乐活动。这些休息和娱乐活动会让人的大脑反应更敏锐，然后才能学习更好，这是一个良好的循环圈。

学习能力问题与注意力集中问题的解决应该谁先谁后呢？在心理学看来只有先解决注意力集中问题，才能认真地学习。有时候，因为学习能力和注意力相辅相成，因此，需要两者一起抓。

学习和注意力不是因果关系，而是同时发生的。有的时候学习能力上去了，注意力也集中了。因此，注意力不是单独的心理过程，它体现在整个学习过程中。道理很简单，如果我们学习学进去了，投入了，那么毫无疑问注意力自然集中了。

其实，任何时候，人都是有注意力的，只不过表现不同，要么集中于学习，要么集中于游戏，要么集中于胡思乱想，要么集中于窗外一丁点的小事。因此注意力障碍是一个逻辑上不可能的事情。

魔力悄悄话

明白了注意力和学习的关系，家长就可以不用时时刻刻纠缠于注意力的问题，而转向曲线解决问题的方法。比如，可以对学习能力进行测验和训练，通过提高学习能力，学生的注意力转移到学习上，注意力就会明显提高。

七、社交圈缩小

注意力不集中影响的不仅仅是学习,严重的注意力不集中还会导致人际关系急剧恶化,甚至产生心理疾病。

首先,注意力不集中的人,反应迟钝,别人说了半天常常没有多大反应,这会让朋友慢慢疏远你。然后注意力不集中导致同学嘲笑,久而久之导致性格内向,郁郁寡欢。

其次,注意力不集中成绩肯定一塌糊涂,这自然会让同学、老师产生轻视心理,因为,没有人会喜欢一个什么事情都做不好的人。

小芸就是一个这样的人。小芸从小学一年级的时候开始,注意力就严重不集中,性格内向,不喜欢去公众场合、人多的地方。怕老师,怕公开活动。做事反应有点迟钝,对外界事物没有太大的兴趣。最近小芸记忆力有点减退,健忘,老是觉得学习乏味,但是不去上学又怕妈妈打,所以每天都在逼着自己去上学,就这样她整天都郁郁寡欢的。

小芸这种因为注意力不集中而产生的心理问题有什么样的后果呢?

1. 朋友同学不愿意找你玩。注意力不集中,应该听见、记住的事情都不知道,会耽误很多事。可能忘记的事情发生多了,小朋友也逐渐不喜欢他了。再则,长大些来说,生活已经够不容易了,谁愿意天天做救世主去拯救你于苦闷之中啊。我们大家都有体会,乐观开朗的人我们都愿意、喜欢与之交往,而天天沉闷,拉着一张苦瓜脸的人我们都不会与之很亲近,除非是出于帮助之心。

2. 老师不喜欢。一个活泼的学生让人看着心里舒服,成绩通常也很好,因为他们反应快捷迅速。

后果还有很多,结果一个仅仅是注意力不集中的人就成了人人都躲避的瘟神,心情当然会更加郁闷,人们当然会躲得更远。

3. 失去大家的信任。注意力不集中,往往还会产生这样的状况,比如同学让他捎个西瓜带回来,他却带回来了芝麻,老师再三嘱咐他把一个重要的信息传达给大家,可他却走过来惊慌失措地告诉你他忘了。这样,谁还愿意托付他办事呢?然后这个人就会在这种郁闷中越来越糟糕,因为这些都是互相影响的。一个恶性循环圈就这样形成了。

魔力悄悄话

注意力不仅仅影响学习成绩,还会影响交往能力,作为家长,一定要警惕,严重的注意力不集中还会导致人际关系急剧恶化,不要因为注意力,让孩子的朋友越来越少。

第四章 注意力不集中的原因

注意力本身没有什么障碍，而在于学习或者写作业考试中自我苛求、追求完美。他们常常要求自己在学习的时候要百分之百地集中注意力，否则就很不满意，自我谴责。而自我谴责追求完美的结果是注意力反而集中到了追求完美本身上去了。注意力就会越来越不集中，最后陷入一个恶性循环。

由于目标不够明确，学习动力不足引起的注意力不集中。很多学生对上课的目的、意义认识不足，对学习目标不够明确，认为自己所学的东西无用，从而导致缺乏学习的兴趣。这是注意力的一种主动分散，因为他觉得无所谓，集中不集中都随便，从来不去努力控制自己，一副兴味索然的样子。

一、病理因素

心理专家认为，多动症是一种行为障碍，用学术术语来说，它又被称为轻微脑功能障碍。造成这种病症的原因基本有内因和外因两种。

从内因上来讲，可能跟一个人脑部受损有关系。这种脑部受损可能源于他早产时候脑部受损，或者是难产时候脑部受到挤压导致受伤。还有些人是在母亲怀孕时母体出现过宫内感染、缺氧等，可能造成了大脑的损害。这是器质性的损伤。

在 20 世纪 90 年代后期，开始有详细的大脑分析图。用大脑分析图来观察多动症人，可以发现他们大脑的某些领域对刺激的反应较弱。进一步观察可以发现凡是患儿童多动症的人，他们的大脑部分确实出现一些与众不同的变化，对这些区域的进一步研究表明：这些出现变化的区域确实是与记忆、注意力分散问题相关的脑区。最近的一项调查还发现多动症的人，他们的大脑相比同龄的要稍小一些。而对激素之类进行研究表明，多动症人的多巴胺和肾上腺素上也有异常。而举世公认，这两种激素与人体调控注意力和控制行为冲动有着极为密切的关系。也正因为这一点，儿童多动症被称为神经精神科障碍。

内因还可能源于遗传。上面说过，多动症儿童的父母中患有多动症的人比正常儿童的父母患多动症者多。这在某种程度上说明了遗传的可能性。

最近，许多研究人员将他们的研究兴趣转向大脑中的其他一些神经递质，考察它们与儿童多动症的关系。研究发现某些神经递质在大脑某些区域似乎有所降低。其中被研究得较多的是乙酰胆碱及尼古丁，这两种物质在分类上均属于胆碱类神经递质，在大脑中与儿童多动症有关的区域中。即便是微不足道的轻微脑组织损害、脑内神经递质代谢异常等都可引发儿童多动症,主要表现为注意力不集中,活动过多,冲动任性,行为异常,学习困难;或者可引发儿童抽动症,会出现一些奇怪的症状,比如不停地眨巴眼睛,抽搐嘴角,踢腿扭脖子等,还有一点值得注意的就是注意力往往也不集中。

关于胆碱类神经递质与儿童多动症关系的研究发现:

1. 患有儿童多动症的儿童、青少年及成人,其吸烟的比例是同龄人的两倍;

2. 孕妇在孕期吸烟有可能是青少年将来出现儿童多动症的危险因素。

外因也很多:父母关系不好,学生学习困难、或学习压力过重等都可减弱脑的调节功能,促使多动症的发生和持续。还有营养过度也会导致多动症,其他还有铅中毒等原因。

看电视也在一定程度上影响着注意力的发展。最近美国一家儿童医院和地区医疗中心进行了一项调查,调查显示多动症与儿童早期看电视之间存在一定的联系。研究显示如果 1~3 岁的孩子每天收看电视一小时,那么在他到了 7 岁时,电视对他的反面影响就会增加将近 10%。

虽然一般认为儿童多动症具有神经方面的原因,但目前的多数检查方法,包括脑电图、脑电地形图等均未能用于儿童多动症的诊断,因为医生对于它们的可靠性及真实性均不太肯定。此外,最近几年流行血液化验,为的是查出患者血液内的铅含量。不过,好像效果都不是很明显,到目前为止,要识别这种疾病,最好的办法就是全面详细地了解患者的病史。

魔力悄悄话

各个年龄段的注意力分散有不同的特征和表现,家长在自行对注意力问题进行分析的时候要对照不同的实际情况采取相应措施。

二、心理因素

在日常学习中,很多家长可能都有这样的困惑:孩子注意力不集中时,听不进课,无法安心地上自习。"注意力不集中"的确对一个人的学习、生活影响很大。

心理学研究发现,人的注意力是很难长时间集中的,尤其是小时候,"走神"其实是正常的心理现象。

注意力不集中的心理因素大概可分成如下几种情况:一是注意力本身没有什么障碍,而在于自我苛求、完美主义的倾向,这样的人对自己要求严格,希望可以百分之百地将注意力都用在学习上,若是不能达到这样的境界,就倾向于自我谴责。二是缺乏安全感,自信心不足等,都是注意力不集中的心理原因。

自我苛求没有必要,事实上,在注意力方面,大家都差不多,对于注意力不集中,不必过于自我苛求。一味纠缠于自己的注意力不集中,反而更不能集中了。因此,在发现注意力不集中的时候,可以采取一种"顺其自然"的态度,告诉他,"注意力不集中就不集中吧,只要集中的时候能好好学习就行",或者"这会儿心里有事没办法集中,那就算了吧,等问题解决了再把时间补回来"。不要过分关注自己的注意力,关注本身就是分神的表现。

小蒙是个二年级的女孩子,字写得非常工整,成绩优秀。但是家长和老师都发现,她写作业特别慢。经过仔细观察,妈妈发现,她写字特别讲究,有一点点写得歪了,她就会要么把这一页撕掉,或者拼命地擦,一定要擦得看不出来为止,有时候把作业本都擦破了。

像蒙蒙这样的学生天生具有"追求完美主义倾向"。对于这种老是喜欢使用橡皮,不停地擦来擦去而最终导致注意力无法集中的现象,心理学上称之为"橡皮综合征"。对于这种患有橡皮综合征的孩子，父母不要过多指责，要耐心地一点一点引导，可以用奖励手段进行强化训练来达到目的，不要用打骂来纠正其不良行为。

上面说的橡皮综合征就是注意力分散的一种特定表现，是一种心理因素，类似这样影响注意力的心理因素还有很多，如果能克服这些，一个人的注意力可能就会好很多。

另外，缺乏安全感，自信心不足等因素也可以导致注意力不集中。

很多时候，一个人注意力不集中都与胆小、不自信等因素有着必然联系。

明明刚上小学的时候就十分在意别人对自己的看法，不敢正视别人，却总控制不住用余光来观察别人，现在越来越严重，上课不能集中注意力，各课老师都受影响，走路也这样，和朋友亲人在一起也总是用余光来观察别人，不自然。学习时脑子胡思乱想，成绩差极了。

其实明明的这种情况就是不自信造成的。由于自卑，老是过分注意别人对自己的态度，这样必定会分散注意力，甚至无法正常生活。

魔力悄悄话

注意力是否集中，跟心理因素有很大的关系，只要调整好自己的心态，才能够心无旁骛地学习。不要过分关注自己的注意力，关注本身就是分神的表现。

三、注意力分散的生理原因

一个人不专心,有的是经常性的,有的则是偶尔为之,在某些时间段内不集中。经常性的话,家长就需要参照一下前面所说的注意力不集中的生理机制,看看他们是不是有多动症,检查一下大脑的问题。如果仅仅是偶尔的注意力不集中,那么就不必太过在意,除非这种偶尔也表现为一种规律。有规律地在某个时间段、在某种场合、在某种环境中注意力不集中,如果是这种情况,家长需要注意的就是观察他的表现,反思一下近来他的生理状况。

注意力不集中的原因甚多,在生理方面,若身体不适,对环境不适应,心里有压力等,都会出现注意力不集中的现象,这些情况都必须由医生检查和治疗。

首先,家长在引导从个人的生理状况上处理注意力问题的时候要从以下几个方面去考察:

1.饮食方面是否不当?学生学习辛苦,是一项脑力劳动,那么要注意饮食的时候适当增加糖的摄入量,尤其是早餐。不吃早餐尤其不可取。如果到了中午的时候饿得咕咕叫,那么注意力就只能集中在吃饭这件事上,而不可能精神百倍地投入学习中。从生物学上来解释,脑力劳动需要消耗大量的糖来供给脑细胞的活动,如果摄入糖过少,就需要从自己身体内转化,转化的时候血液分配到体内进行糖的生成,从而导致脑的供血不足,所以导致注意力下降、记忆力差。因此,如果每天早晨吃好早饭,并且能够摄入一定的糖,就会减轻血液的负担,直接将糖供给脑细胞。

2.睡眠质量如何?是否多梦、失眠?如果存在类似问题,要适当调整作息时间,多做运动,睡前喝杯牛奶等。睡眠质量好了,精力充沛,走神的可能性就降低了一些。

3.家庭环境的影响。根据注意缺损多动儿童家庭环境的研究,注意力缺失儿童的父母文化程度或者生活习惯要明显低于正常组。事实是,如果父母注意力比较好的话,那么注意力也往往比较好,这除了遗传之外,还有一个重要的因素就是父母言传身教的影响。

注意力障碍儿童也往往是对家庭不太满意的儿童,他们要么是经常受父母的打骂,要么就是父母之间关系冷淡,家庭成员之间没有很浓厚的感情或者情感交流不好。这样的儿童也往往不如正常儿童那样顺从父母。由此可见,注意力障碍儿童都承受着不同程度的家庭因素影响。家庭环境越不好,注意力缺失儿童的多动行为就更加明显。家长教育程度越低,对孩子的打骂越多,出现多动症的概率就越大。

了解了生理状态对一个人注意力的影响,家长可以帮助他养成好的习惯。通过习惯的培养来调整他的注意力状态。除了家长的帮忙之外,初高中阶段的学生也可以对自我进行调整。可以从以下几个方面着手:

1.养成良好的睡眠习惯。一些同学因学习负担重,心理压力重,因此,到了晚上该睡觉的时候就想任务没完成或者想趁别人睡觉把时间补回来。于是学校里便出现了在宿舍打电筒点蜡烛读书,学到深夜的情况;有时候学校不允许,有学生甚至把手电筒放被窝里钻在被窝里看书。第二天呢,觉得昏昏沉沉,听不进去,到了晚上又觉得自己这一天废了,又想补回来,日复一日,结果越累越辛苦,成绩越来越差。这很容易陷入一个恶性循环中,熬夜——白天睡觉——成绩不好——加倍熬夜。所以,家长一旦发现孩子有这种倾向就得立刻通过各种办法帮助他矫正。

2.学会自我减压。初高中学生的老师、家长的期望给同学们心里加上一道砝码;整日考试考试地挂在嘴边,一些同学自己也对成绩、考试等看得很重,结果是不堪重负,变得疲惫、紧张和烦躁,像一根绷得很紧的弦,不知道什么时候会断裂。考试学习的时候也常常带着很重的负担。因此,家长要教育青少年学会自我减压,别把成绩的好坏看得太重。学习上也不要急功近利,有些学科不是学了就能见到成效的。再说了,一分耕耘,一分收获,只要平日努力了,必然会有好的回报,如果实在还是不尽如人意,那么除了检查自己的学习方法之外,也可以放下负担了,尽力就好,何必非要逼着自己跟别人比呢?

3. 体育锻炼或者野外活动。多参加体育锻炼或者户外活动,让自己的心理状态和生理状态保持最佳。一般我们都有体验,激烈的运动之后人的心理压力就会卸掉很多。体育锻炼之后或者户外活动之后我们都会感到特别的放松。再说了,身体上各个部位运转良好的话,身体痛快,心理就痛快,这样学习效率也就高。因为心理状态好就意味着让你分心的事情很少或者不存在,那么就可以好好地学习了。后退是为了更好地前进,休息是为了更好的工作,所以,每个人都要注意,连续的学习就如同涸泽而渔。

总而言之,注意力分散的问题有很多原因,生理上的原因也是一个重要因素。实际上,大多数情况下,青少年的注意力不是家长想象的那么严重,像这样生理上的一些因素是完全不必担心的,调一调就好了。

研究显示,儿童分心的程度与年龄成反比:两岁的儿童,平均注意力集中的时间长度为 7 分钟;4 岁为 12 分钟,5 岁为 14 分钟。

魔力悄悄话

判断一个人是否专心,应依据其年龄的专心时间长度,而非依据家长的主观感觉。年龄越大越会逐渐懂得将注意力放在重要的事情上,而日渐增加专注的时间。

四、对孩子的具体情况不了解

告别童稚，长大成人，是一个漫长的过程。把一个孩子教育成人也不是一蹴而就的。做家长的无不希望自己的孩子顺利成长，但是愿望归愿望，事实总是不尽如人意。这是因为没有用心用脑去了解他的状况，不了解他成长各个阶段的心理和行为特征，因而往往事与愿违，家长伤心，孩子抱怨。

曾有一位教育家说过当一个人处于青春期，他的大脑就像一个安全措施搞得不好的化学试验室，随时都有发生意外的可能，一下把人炸得粉碎。这话说得的确没错，处于青春期的人，面临着生理和心理上的极大变化，而对于这种变化，孩子也许缺乏足够的知识和心理准备，所以会不知所措，进而可能会导致行为上的混乱与无序。因此，对少男少女来说，青春期是人生中最关键、最困难的时期，也是最叛逆最令家长琢磨不透的时期，同时也是最需要父母理解和帮助的时期。

因此，首先，作为父母要对孩子的智力水平做全面的考核，并作出切合实际的准确估计，这种评估不能过高，也不可过低，有的家长喜欢高估自己的孩子，还有的会一味地贬低自己的孩子。过高和过低都会导致家庭施教的不准确。错误和不准确的估计会影响一个人的学习成绩和学习情绪。有的家长在没有全面摸清孩子智力水平的情况下，单凭某一学科或某一单元的学习成绩就盲目断定孩子"笨"。

其次，家长们往往只重视孩子的学习成绩而总是忽略对他们的学习习惯和心理素质的培养。

最后，要努力去了解自己的孩子。很多学生上课注意力不集中、小动作特别多，经常被家长和老师认为是贪玩、有意不想学习。其实大多数情况下，不是学生"不想"的问题，而是"不能"的问题，是由于某种或多种学习能力落后而导致他们不能够长期集中自己的注意力。

"这次考试又是倒数第一,老师都让我带回家,老师说下学期要考虑是否让他休学了。"李先生带着上小学三年级的儿子来找心理医生问诊。他无奈地向医师诉苦,上小学三年级的儿子多次被老师"投诉",上课注意力不集中,不注意听讲,不是动这就是动那,有时还自言自语,还经常在课堂上打闹,频繁地打同学,学生家长都专门等他等过好多次,又给家长赔礼道歉又要安抚老师;回到家里还是老毛病不改,一会儿翻东西一会儿上蹿下跳,要什么东西就得立刻给,不然就是大闹天宫,打骂都无济于事,他好像根本就不怕,或者根本就无所谓,打得痛哭流涕也没有用。

李先生真的是愁死了,刚开始他以为自己的孩子只是在家里被宠坏了,所以把在家里的坏毛病带到了学校,所以就想是不是对他要求严格一点,打骂几回就会改掉臭毛病,结果没有任何效果,他还怕再打打出其他的心理毛病来,于是在久揍无效之后终于有点明白,这估计不仅仅是宠出来的坏毛病,可能是其他原因。于是他带着他走进了医院。最后,在医生的帮助下,他才认识到孩子是有点心理问题,还有一定程度的幻觉出现。

就像这位家长一样,如果长期坚持错误诊断,孩子的成绩会越来越差,最后不可挽救。所以,作为家长,要密切关注孩子的行为,如有不妥,应该请教医生,而不是自己胡乱猜测,从而耽误了治疗。

魔力悄悄话

其实在大多数情况下,不是学生"不想"的问题,而是"不能"的问题,是由于某种或多种学习能力落后而导致他们不能够长期集中自己的注意力。

五、错误的顺其自然观念

我们传统上认为,多动症只限于小儿,随着一个人慢慢长大,这种症状就会消失不见。在大街上问问,凡是知道这个名词的至少有一半都是这么认为的。所以有家长认为放任自流就可以,用不着干涉。那么,事实如何呢?这些状况会随着一个人的逐渐长大而慢慢消失呢,还是由医学原因导致而需适当的治疗呢?

据科学家研究,部分童年曾患"注意力缺陷——多动障碍"的人持续到成年其仍存在特征性的注意力缺陷、多动障碍症状,并伴随有一定的行为问题。

在网上询问多动症的也多是一些成年人,他们对自身的问题感到不解,实际上,就是多动症延伸到了成人时代。

事实上多动症的影响远远超出了孩童时代。据调查,有多动症的人在成年之后有一多半的人仍然存在各种不同的多动症症状。而且会给学习和生活带来各种困扰。

当然,随着年龄的增长其症状也有不同的变化。由于自身控制能力增强,成年人的多动症症状跟小孩的可能完全不同。成年人可能不会再坐立不安,但仍旧有其他问题,比如不能聚精会神坚持听完一堂课或一个枯燥的报告。

替代的是粗心大意,马马虎虎,丢三落四等。这种情况会越来越严重,直到自己也忍无可忍。

多动症还会遗传。它除了会延伸到成年时期之外,还会遗传给下一代。

据调查,父母中如果有多动症,那么孩子出现多动症的概率比同龄其他人要高出 24 倍之多。

所以,家长需要做的不仅仅是一番教育,还要及时地给自己充电,以便及时地跟上孩子的发展,并能及时了解到底发生了什么,原因又是什么。最糟糕的就是孩子出现了问题,而家长连这方面的问题听都没有听说过。由此可见,改变观念也十分重要。

魔力悄悄话

农民怎样对待庄稼,决定了庄稼的收成;家长怎样对待孩子,决定了孩子的命运。时代发展到今天,家长教育观念的更新已显得刻不容缓。孩子和家长共同构成一个家庭教育环境。曾有人把这个环境比作是一个无形的大烤箱,一个人从小就是在这个大烤箱的"烘烤"中长大。他认为只有优质烤箱才能烤出优质面包,只有优质的家庭教育"烤箱",才会"烘烤"出做人做事都成功的优质人才。

六、家长教育所起的副作用

作为家长,你是否知道,在你教育的过程中,一些违背你愿望的行为习惯正在养成?

而这一切竟是你自己造成的? 注意力涣散,动个不停,原来都与你关系密切。

请看看下面的数据:

据国内资料,在多动症患儿的不良家庭教育方式中,家长中所谓的"严格管教者"占60%,放任不管者占3%多一点,溺爱者占7%。

国外亦有学者认为,暴力式的管教,动辄拳打脚踢,实行棍棒教育,则多动症儿童的症状不会有任何减少,反而会增加新的症状。而反之,如果对患病儿童漠不关心、顺其自然,或者过于溺爱不干涉,则可能促使症状出现,或使已有的症状加重。

一位心理专家则如是说,溺爱过分使青少年注意力分散。现在我们社会独生子女很多。

他们从小到大都是家里的焦点,亲戚朋友关注者无数,人人都想展现自己的亲爱。

被关注度太高直接导致的后果是——当一个人做一件事时,爸爸妈妈爷爷奶奶姥姥姥爷总会给予不同的意见,或者玩的时候爸爸给这个玩具,妈妈给那个玩具,爷爷在这边跟他说话,奶奶在那边大叫他注意另一个东西。

更有甚者,对于青少年做的一件事,可能奶奶大加肯定,而妈妈却面有怒色。

如此种种,都会让他们总是处于无所适从的状态中。而且他的注意力根本就不可能好好地集中在一件事情上,总是随着不同的人和物跳来跳去。

　　这种做法还有一个后果，那就是父母双方教育方式不同，或者在活动时经常进行干扰，一会儿让他干这个，一会儿让他干那个，这样常常会使孩子茫然、无所适从，因此无法专心于干同一件事，或者变得对任何事都兴趣索然。

　　由此可见一个人年少时期的注意力，家长担负着很大的责任，那么，作为家长，你的教育方式对吗？

　　怎样知道自己的教育方式对还是不对？教养态度与家中生活习惯对一个人的行为影响极大，也常是影响一个人最主要的因素，但"当局者迷"，家长往往无法客观地找出问题所在。从下列几个方面来观察，也许可以找出一些原因。

　　家长可从这几方面自查：

　　1. 父母教养态度是否一致？很多时候一个家庭里面往往教育观点不一致，以至于让这个人无所适从。

　　2. 是否太宠爱，使他缺少行为规范？这会使青少年随意放纵自己的注意力不集中行为。

　　3. 是否买过多的玩具或书籍使孩子应接不暇，玩一个扔一个？

　　4. 家庭生活步调是否太快？

　　5. 家里的活动是否太多，人员是否太杂，经常吵吵闹闹或者父母打麻将之类无法提供安静的环境从而分散了注意力？

　　6. 学习的过程中是否有很多不愉快的事情？

　　比如不喜欢某一科，不喜欢某个老师，同某个同学闹了矛盾等，这些不愉快的经历及时化解了吗？

　　7. 是否有情绪上的压力？比如，学习跟不上，同学相处不好，家长老师过多批评等。

　　如果你们有以上行为，那就应该反省一下了。

　　要注意自己的教育方式影响。不要事与愿违，得出自己不想要的后果。

　　总之，社会因素和家庭环境因素都会对一个人的状况产生影响。对于已经患上多动症的人来说，不良的心理、社会因素会极大地引发他们的异常表现。

　　如果要把多动症病因作个总结，那么可以分为生物学因素（这包括遗传、神经解剖、疾病、脑损伤、神经生理等）和社会学因素（包括环境、心理、社会因素等）。

魔力悄悄话

　　现实生活中，很多注意力缺损多动障碍儿童大多都是家庭不完整，关系不够亲密的家庭。也正因为这样，这些青少年缺乏家庭的温暖和关心，身心一直处于紧张状态，由此加重了多动症的症状。因此，单亲的家庭，要对青少年的情况更多一分了解，付出更多的努力。

七、家长教育存在误区

当代家庭教育中对青少年过分的关注使他们根本就没有机会去发现自己,没有机会去独立做一件事情,形成一种对创造力开发的抑制力量,使儿童失去抗挫折的免疫力。既然一切都有人操心给办好,而且有的家长还认为学不学习没关系,只要别累坏就行了,其他的事诸如前途之类你就不要操心了,这样学生在课堂上无所谓、无所事事,既没有兴趣也没有动力,还指望能有什么样的注意力呢?

再则,家长把一切都包办了,孩子就无须动脑筋想问题。而且家庭温室过于保温,一旦略有风雨,青少年便无法承受,近年出现很多小孩子自杀、出走等现象,无不说明了家庭教育的缺失。另一方面还容易出现青少年违法等现象。家长过分的溺爱,百依百顺,会使青少年觉得一切都无所谓,一切都会有父母来承担,父母会解决一切。他们不知有什么原则。没有了原则和道德的约束,人性欲望中恶的一方面会得到极大的释放。这种从来没有受过任何挫折,家长不敢违逆的人,如果发现有多动或者注意力不集中的倾向,改正起来比一般的人要困难得多。

另外,现在家庭教育中存在着期望值过高,超过青少年现实的承受能力。据调查,在城市中,尤其是大城市中,90%的家长曾经或正在让孩子在校外上各种辅导班,还有许多家长正开始计划,还没来得及实施。家教和培训学校、辅导学校泛滥成灾也从另一角度反映了这种现象。家长视他们的成绩和才艺表现为生命,不顾一切安排他们做各种事情,希望他们能出人头地,超过别人。其结果是,父母的行为完全不顾及儿童自身的感受,星期日变成了星期七,放假了反倒比在学校上课更累,没有玩耍时间,不是被功课所累就是为各种特长班所困。这种天天疲于奔命的生活,既不感兴趣也不可能产生持久的注意力。

注意力——不闻雷霆之震惊

兰兰在日记中这样写道：我今年初二，所有人都有双休日，但是我和我们的同学是例外。周末反而比平时更忙，从早上八点开始就马不停蹄地穿梭于各种辅导班、家教、兴趣班。中午困得要死也不可能睡一会儿，所以在教室里我常常是往桌子上一趴就不知不觉睡着了，上课的时候迷迷糊糊，不知道自己身在何处。

总之，干什么都索然无味，注意力不集中，总是开小差。结果爸爸更加着急，我的辅导班更多了。

家庭教育中存在的另一误区是家长对青少年注意力培养的不在意以及对于多动症的认识有误。

实际上，刚生下来的宝宝的注意力持续时间是差别不大的，但是在成长的过程中，因为环境不同，一个人注意力的发展也就有了千差万别。大部分是因为家庭教育的问题。

有的家长注重注意力的培养，很小的时候就有意识地进行注意力训练，也避免自己的言语行为分散注意力，而有的家长则对注意力的发展完全忽略，有很多甚至无意中妨碍了注意力的培养，造成青少年在成长过程中注意力的差距越来越大。因为注意力的重要性，所以如何培养青少年的注意力必须引起家长的重视。在重视之外，我们首先要避免的是一些教育上的误区。

1. 不能给青少年过多过复杂的信息，青少年的注意力分配能力十分有限，过多的和过于复杂的信息，他的大脑无法一一存储和记忆，也就无法集中注意力。这样反而分散了注意力。

例如，一次提供过多的玩具，使他们手足无措；或者一会儿拿来一个，他们被迫一会儿看这个一会儿看那个，或者长期提供不符合他们认知特点的书籍……让他们看得眼花缭乱。

2. 成人过多的语言刺激，有时会影响宝宝初步的思维能力，造成注意力的分散。例如，在初次接触新玩具、新物品时，难免会上下折腾一阵，去摸索玩具、了解这个玩具，此时家长应避免在一旁话语过多，这样不仅不知道究竟是该听你的话还是该去玩玩具，进而对这个玩具失去兴趣，而且会分散注意力。正确的做法是他自己去摸索，家长不要过多干涉。

3. 家长要把握好对青少年的要求,要求他们所做的事过难会使他们产生挫折感和畏难情绪;但是太简单了又不能吸引他们,所有这些都不利于集中注意力。一般来说,只有当新内容稍稍高出现有经验才是最合适的。也最容易引起和维持注意力。因此,要注意选择难易适当的材料。

魔力悄悄话

因为注意力的重要性,所以如何培养注意力必须引起家长的重视。在重视之外,我们首先要避免的是一些教育上的误区。有些时候应让让青少年自己去摸索,家长不要过多干涉。

第五章

学习的注意力

注意力是学习的基石，是保证学生顺利学习的重要前提,任何学习活动都需要意志努力,在这一过程中,注意力发挥着重要的作用。

一、决定学习效率

有专家做过这样的实验:被试者在注意力高度集中时背课文,只需要读9遍就能达到背诵的程度,而同样的课文,在其注意力涣散时,竟然读了100遍才能记住。

教学案例一:教师要求学生集中精力背诵一段陌生的文字,限定时间为20分钟。

任务下达后学生就行动起来了。有的声高震天,有的捂耳默背,有的两两合作,也有的心不在焉,还有的在做小动作,交头接耳……

时间一到,教师先让认为自己已经掌握的学生展示一下,班长、科代表、成绩名列前茅的学生都纷纷举手,并能完整熟练地背诵。而刚才开小差的学生只能磕磕巴巴地背诵,甚至有人一句话也背不出来,而这些学生的学习成绩一直处于班级中的中下游。

老师布置的任务是考察学生的记忆力,而造成学生之间差距的则是注意力。学习优秀的往往是注意力高度集中的学生。注意力在学生学习中往往决定着他们的学习效率。

教学案例二:一位中学生,成绩极差。父母反映,他幼时受伤手术时进行过全身麻醉,估计对智力有一定影响。父母和老师都不敢给他过多的压力,所以该生对自己的学习一直无所谓,得过且过。

有一次早读,他一首古诗都不会背诵。教师告知他当天必须背出其中一首,否则下午放学后请父母来接。令人意想不到的是,他中午跑到办公室,看了不到一分钟的时间,就在本子上默写了出来,而且是满分。

这个学生没有因为手术而记忆力降低,在一定的内驱力和外在压力下,表现很出色。而所谓的"差",只是注意力没有集中。

注意力、观察力、记忆力、思维力和想象力是智力的五个基本因素。在智力结构中,注意力是智力活动的"组织者"和"维持者"。注意力就如一张立体的网,将所有影响青少年健康成长的因素都紧密地连接在一起,它能使观察力更敏锐,记忆力更出色,思维力更严谨,想象力更精彩。

历史上曹植七步成诗传为奇谈,曹植少年时就很聪明,能出口成章,深得曹操的喜爱。哥哥曹丕做了皇帝后,怕曹植威胁自己的地位,于是想迫害曹植,命令曹植在走七步路的短时间内作诗一首,做不成就将被处死。结果曹植应声咏出了《七步诗》:"煮豆燃豆萁,漉菽以为汁。萁在釜下燃,豆在釜中泣。本是同根生,相煎何太急。"

《七步诗》虽然可以理解为性命攸关之时的"急中生智",但我们也可以想象在那短暂的瞬间,曹植的急中生智的基础必定是注意力和思维力的高度集中!平常我们看到的很多智力竞赛活动,如全国青年歌手大奖赛中,选手现场在规定的时间里听琴模唱一段旋律,其实也是注意力、听唱等综合能力的大比拼。

大量的实验和实践证明,学习成绩好与成绩差的学生之间最明显的区别之一就是注意力能否集中。学习成绩好的学生能集中注意听讲阅读,独立思考问题,认真做作业。他们在学习时善于排除外界干扰,即使有时老师讲得不够生动,他们也能自我约束,有意识地组织注意力,不让自己的思想开小差。

在现实生活中充满了各种各样的信息刺激,处于成长阶段的学生,尤其是中学生很难不受其影响,这样就容易造成他们精力分散,无法保持注意力的高度集中。这种状态下的学习效率会明显降低,学习成绩也将受到一定的影响。

魔力悄悄话

注意力集中的人能在任何环境中保持积极稳定的状态,对所学知识的兴趣不断增加,能把更多的精力集中在学习上,所以,他们的学习效率呈螺旋上升趋势。

二、主导知识的掌握

很多人上课时会分神,这对学习知识的掌握有很大的影响。您可能不相信,有一个班曾是全校有名的乱班、差班,每次考试总是倒数第一。走进他们的教室,您体验不到片刻安静,就是上主课也有一半人在做小动作,窃窃私语。每天上午第一节课的课堂作业一直到下午放学时都不能收缴齐,至少有三分之一的人没有做完,还有五六个人根本没做,整班作业拖拉的现象特别严重。

从整个下学期开始,所有的任课教师和父母齐心协力狠抓他们的生活习惯和学习习惯,着重训练、强化与巩固"认真专注地做好每一件事"。通过整整一年半坚持不懈的努力,现在绝大多数学生上课能专心听讲了,而且精力集中的时间长了,能及时并认真地完成每一项作业。而此班在三个学期中,整班的学习成绩是直线上升的。

可见,只要平时重视自我控制能力的训练,有意识地培养他们的注意力,他们就会集中心思减少对学习的干扰,这对巩固所学知识大有帮助。而且坚持下去,他们也会发现自己的学习成绩在不知不觉中提高。

魔力悄悄话

注意力集中会显著提高学生的学习成绩,而且培养他们的注意力,对他今后的学习与未来的发展,都能起到一个积极推动与促进的作用。

三、体现在整个学习过程中

王羲之写字入了迷，把墨汁当蒜泥，用馒头蘸着吃；牛顿做实验时，把手表当鸡蛋煮；居里夫人课间演算习题时，身旁被恶作剧的同学堆满了凳子，竟丝毫没有察觉；爱因斯坦在思考问题时，竟把和他一起乘车的小女儿忘记了；昆虫学家法布尔童年时观察昆虫习性，从早到晚伏在大石头旁看蚂蚁搬家……可见，学习和注意力不是因果关系，注意力不是单独的心理过程，它体现在整个学习过程中。

状元经验：专注，是最重要的。有人问 2007 年宁夏回族自治区高考文科状元邢阳："你成绩好的秘诀是什么？"她想了想说："我的秘诀就是上课的时候要专注，课堂上的知识一定要消化，听不懂的问题，课间 10 分钟赶紧抓住老师讲解。课堂效率比较高。专注，我想这是最重要的。我上课的时候会紧跟着老师的思路，认真做笔记，另外遇到不懂的问题会及时请教老师，补充笔记并不断巩固……"她为什么能够成功，因为她上课时注意力高度集中。事实证明在学习的过程中，注意力集中了就能事半功倍。

您可以看看那些成绩优秀的人，他们在学习时都是十分专注的，专注地上好每一节课、做好每一次作业、背好每一段文章、画好每一幅画、练好每一个动作，一步步向成功迈进。

魔力悄悄话

上课时注意力高度集中，上好每一节课、做好每一次作业、背好每一段文章、画好每一幅画、练好每一个动作，一步步向成功迈进。

四、培养良好的注意力

毛泽东主席青少年时代为了锻炼自己的注意力,常到繁华闹市去读书,久而久之,良好的注意习惯就逐步形成了。

毛主席六十多岁时还在攻读英语,在飞机上经常捧着书本学习。有一回他从飞机起飞不久开始看书,直至下滑、着陆、地面滑行,一直到飞机停稳,他竟全然不知。警卫员不忍心去打搅他,坐在旁边,静静地等待着。半小时过去了,毛主席仍旧紧锁双眉,嘴唇不出声地动着,边看边读。在场的人都惊叹,毛主席是何等的专心致志!

每个人都希望自己能成为高效率的人,能出色地完成学习任务。注意力的集中是一种特殊的素质和能力。一个人从一生下来,就有注意力集中的天性,他们对新鲜的事物会无比地关注,会全身心地去注意自己感兴趣的事物。这时,若能根据自己的身心发展规律与特点,保护自己的天性,创造良好的教育环境,接受适当的指导,有意识地培养自己的注意力,就可以养成良好的注意习惯与能力。

魔力悄悄话

习惯是一种惯量,也是一种能量的储备,养成良好的习惯可以让青少年终身受益,让"注意力高度集中"这种难能可贵的心理品质成为青少年一生享用不尽的财富吧。

第六章 神奇的心理注意力魔法

　　有经验的教师在总结教学经验时,都知道学生学习成绩不理想可能与注意力不稳定、不集中的分配不合理有关。有人做过这样的实验:被试在注意力高度集中时背课文,只需要读9遍就能达到背诵的程度,而同样的课文,在注意力不集涣散时,竟然读了100遍才能记住。可见,它与人的学习效率和工作效率有着非常密切的关系。因此有的专家说:"哪里有注意,哪里才会有思考和记忆。"注意是认识和智力活动的门户。

一、强化原理的应用

电影《看上去很美》：小主人公方枪枪是一个十分聪明的孩子，3 岁的他被父母送到了幼儿园。这所有几百个 3—4 岁的小朋友的幼儿园，有着严厉的奖惩制度。为了得到老师的赞许和同龄人的羡慕，小朋友们都努力遵守各种纪律，为自己争得更多的小红花。得到 5 朵小红花，即最多的小红花，是方枪枪的最大愿望，为此他使出了吃奶的力气，克服了各种各样的个人习性，但他总也得不到 5 朵小红花。对于方枪枪来说，障碍越大，他想要得到小红花的愿望也就越大，于是他明里暗里都使着劲儿。可是，故事的最后他却对小红花失去了兴趣。

这个影片中其实也蕴含着丰富的心理学知识。请同学们设想一下，假如你是幼儿园的老师，面对着这么多的小朋友以及像方枪枪这样的学生，你要用什么方法来更好地引导他们呢？让我们来看看老师手里有哪些可用的心理魔法术！

儿童时代的你我可能都曾为了获得老师的一朵小红花而开心雀跃。我们可能都会有这样的记忆：幼儿园老师会把班上小朋友的名字写在教师前边墙上的一张大纸上，每当哪个小朋友表现好了，比如帮助他人、作业完成得很好，老师就会奖励一朵小红花或者是在他的名字后面画一个五星。一段时间（一个月／一学期）后，计算每个小朋友都得到了几朵小红花或几个五星，并对哪些名列前茅的小朋友给予表扬和奖励。你知道老师为什么这样做吗？这样做有什么效果？

其实幼儿园老师正是利用了心理学中的强化原理。强化是由行为主义心理学家斯金纳提出的概念，指的是"有些行为的后果使得这种行为再次出现的可能性增加了"。在最初进行研究时，斯金纳把白鼠放在一个装置特殊的箱子里,箱子里有一个杠杆,每按压一次杠杆,就会由食物出来。一开始,白鼠在无意之间碰触了杠杆,得到了食物;这让它尝到了甜头,就会更加频繁地去压杠杆,以不断地获取食物。这种过程就是强化,而食物就是白鼠的强化物。同样的,对于幼儿园的小朋友来说,小红花和小五星就是强化物,每当小朋友表现好了就能得到表扬和强化物,那么小朋友们就会更加努力地去表现得更好以获得强化物。这就是强化在教学中的运用。

强化有正负两种:正强化是在行为之后给予奖励,目的是增加行为,比如小宝宝咿呀学语,得到了妈妈的亲吻和赞扬,他就会更加起劲地学说话;而负强化也是为了增加行为,所不同的是在行为之后撤销某种厌恶刺激,比如老鼠可以在迅速拉动绳子时避免电击的折磨,它很快就会学会拉绳子。另外,如果有些后果会使某种行为的出现频率减少,这些后果叫惩罚,有些母亲给孩子断奶时在乳头上涂辣椒粉,就是这个道理。

魔力悄悄话

强化的运用十分广泛,还可以用来解释一些有趣的现象,例如一些"迷信行为"。有些地区的人在干旱的季节举行某种仪式拜神求雨,是因为过去有那么一次偶然的拜神仪式之后碰巧下了场大雨,让人们误以为这是求神的结果,于是这场大雨作为一种偶然的强化物使旱季求神拜雨的活动成了一种习俗。

二、点石成金的期望效应

心理学家曾做过这样的一个研究:他们到一所小学,在一至六年级中各选 3 个班级,并告知老师说他们要在学生当中进行一次"发展测验"。心理学家在一个班级里随便走了几趟后,就在学生的名单上圈出了几个名字,并以赞美的口吻告诉他们的老师,这几个学生的智商非常高,很聪明。8 个月后,他们又来到这所学校进行复试,奇迹发生了:发现当时被他们称为"智商高"的学生成绩都有了显著进步,而且性格开朗、敢于发表意见,与老师的关系也相当融洽。这时,心理学家才对老师说,其实自己对这些学生一点也不了解,也没做过什么所谓的"发展测验"。老师们很是吃惊!

事实上,是心理学家进行的一次期望实验。心理学家提供给教师的所谓"高智商"名单是随机抽取的。由于心理学家在教师心中有很高的权威,老师对他们说的话深信不疑,因而对心理学家所指出的那些"高智商"的学生给予了很高的期望。教师始终把这些名单放在心上,在教学中像对待聪明的学生一样对待他们;这些学生也感受到了教师的这份期望,认为自己是聪明的,从而提高了自信心和对自己的要求,在行动上不知不觉的更加努力,最终真的成了优秀的学生。

这个令人惊叹的实验就是著名的"期望效应"又称"罗森塔尔效应"。心理学家罗森塔尔最早在老鼠身上发现了这个现象,他把一群小白鼠随机地分成两组:A 组和 B 组,并且告诉 A 组的饲养员说,这一组的老鼠非常聪明;同时又告诉 B 组的饲养员说他这一组的老鼠智力一般。几个月后,教授对这两组的老鼠进行穿越迷宫的测试,发现 A 组的老鼠竟然真的比 B 组的老鼠聪明,它们能够先走出迷宫并找到食物。后来他又把这种效应拓展到人的身上,发现不论是在人还是动物身上,期望都能够发挥作用。因为他的伟大研究结果,就以他的名字命名了"罗森塔尔"效应。

心理学家谢里夫曾经做了一个很有名的实验，在实验中他要求大学生被试对两段文学作品做出评价，他事先告诉学生们说：第一段作品是英国大文豪狄更斯写的，第二段作品则是一个普通作家写的。而事实上，这两段文学作品都是出自大文豪狄更斯之手，但受了暗示的大学生被试者们却对两段作品做出了极其悬殊的评价：大学生们给予了第一段作品极其宽厚而又崇敬的赞扬，而对第二段作品则进行了十分苛刻又严厉的挑剔。这一实验论证了，暗示会极大地影响人们的心理和行为。

曾经有心理学家在实验室中做过这样的一个实验，心理学家反复地请被试者喝大量糖水，然后对被试进行检验，结果可以发现被试的血糖增高了，还出现了糖尿和尿量增多等生理变化。然后，停止给被试者喝糖水，并等待使其生理状况恢复正常，但对被试保密这一结果，并用语言来暗示被试者，对被试者说"尽管现在没有让你喝糖水，但是积在你体内的糖分依然很高，过一段时间，血糖仍会增高，你还会出现糖尿，尿量也会继续增多"。接着对被试者再次进行检验，发现被试者又出现了饮用大量糖水后才能引起的生理变化。这一实验表明，语言暗示可以代替实物，给人脑以兴奋的刺激，虽然被试者没有再喝糖水，但人脑仍参与了体内糖的代谢活动。这就是我们常能看到的某些人服用了假的安眠药仍然能安然入睡，因为他相信这药是可以使他入睡的，这就是我们平常所说的"安慰剂"效应。

魔力悄悄话

日常运用中它通常被简单的归结为一句话：说你行，你就行，不行也行。如果你成了一名教师，期望效应将对你十分有用。近年来提倡的"赏识教育"就是以期望效应为基础的。期望效应也能给教育者一些启示，家长应该给予青少年更多的鼓励和期望，告诉他们是聪明的、有能力的；让他们对自己增强自信心，对自己的人生前途更充满希望。在教学实际中，教师也要用对待聪明学生的态度方法对待所有的学生，多给他们一些积极的期待，学生们将会越来越聪明，成为闪闪发光的金子。

三、登门槛效应——从小步到大步

教师在教学过程中可能会发现这样一种情况:越是学习成绩好的学生,向老师求助的问题越多,而越是学习成绩比较差的学生,反而没有问题要问。因为一般来说,应该是学习成绩较差的学生存在比较多的问题,不愿发问将导致成绩差者的问题越积累越多。家长、教师甚至是同学们自身对此也很无奈。其实,这种现象可以利用心理学中的"登门槛效应"来改善。

《伊索寓言》里面有一则《石头汤故事》形象地说明了登门槛效应——一个暴风雨的夜晚,有一个穷人到富人家的厨房讨饭。"滚开!"厨娘说,"不要来打搅我们。"穷人说,"只要让我进去,在火炉上烤干衣服就行了。"厨娘认为这不需要花费什么,就让他进去了。这个可怜人又请求厨娘给他一个小锅,以便他"煮点石头汤喝"。"石头汤?"厨娘说,"我想看看你怎样用石头做成汤。"于是她就答应了。穷人到路边拣了块石头洗净后放在锅里煮。"可是,你总得放点盐吧。"厨娘说,她给他一些盐,后来又给了豌豆、薄荷、香菜。最后,又把能够收拾到的碎肉末都放在锅里。最后,这个可怜人把石头捞出来扔回路上,美美地喝了一锅肉汤。

美国心理学家佛里德曼于 1966 年做了一个实验,证实了这个效应:实验者让助手到两个居民区劝人们在房前竖一块写有"小心驾驶"的大标语牌。助手在第一个居民区向人们直接提出这个要求时,结果遭到很多居民的拒绝,接受的仅为被要求者的 17%。在第二个居民区,助手先请求各居民在一份赞成安全行驶的请愿书上签字,这是很容易做到的小小要求,几乎所有的被要求者都照办了。几周后再向他们提出竖牌的要求,结果接受者竟占被要求者的**55%**。

对于这样的结果,心理学家进行了分析:一般来说,人们会拒绝一些难以做到的或者是违反自己意愿的要求,这是很自然的事情;但是人们一旦对于某个微小的要求找不到拒绝的理由,就会增加同意这种要求的做法。对于第二个居民区的居民来说,当他同意了第一个请求后,便会产生"自己是关心社会福利的"一种认识。这时如果他拒绝后来的更大的要求,就会出现认识上的不协调,于是协调一致的压力就会支持他继续干下去或者做出更多的帮助。由此产生了"登门槛效应"(Foot In The Door Effect),是指一个人一旦接受了他人的一个微不足道的要求,为了避免认知上的不协调,或想给他人以前后一致的印象,就有可能接受更大的要求。犹如登门槛时要一级台阶一级台阶地登,这样能更容易更顺利地登上高处。

不言而喻,第二个居民区的同意率之所以超过半数,是因为在这之前对他们提出了一个较小的要求;而第一个居民区同意率之所以不足**20%**,是因为在这之前对他们没有提出一个较小的要求。换句话说,第二个居民区的同意率之所以高于第一个居民区的,是因为人们的潜意识里总是希望自己给人留下首尾一致的印象。

魔力悄悄话

对成绩比较差的学生如何运用"登门槛效应"来改善学习状况呢?在教学工作中,教师不宜一下子对这些学生提出过高的要求,而是先提出一个只要比过去稍稍有点小进步的要求,当学生达到这些要求时再鼓励其达到其他更高的要求,学生往往更容易接受。比如对于那些不习惯在课堂上回答问题的学生,教师可以选择性的先问他一些简单的封闭性问题,比如是非题,这样学生就不会担心自己被提问到时无言以对;在学生逐步习惯了被点名回答问题的状态之后,可以提问一些复杂一点的问题,鼓励他多说出自己的观点,这样逐步的过渡,最后学生就能够自己主动的提出问题。通过这种方法就能够有效地改善学生不回答、不发问的情况。

四、注意力不集中的心理冲突

人的注意力是很难长时间集中的,"走神"其实是正常的心理现象。人的注意力会受外界环境的干扰而走神,会因为内心的情绪波动而被干扰,这都是普通人的心理。人是人而并不是超人,确实有的人学习做事时注意力可以在一定时间内高度集中,甚至可以在闹市学习,但这样的人之所以注意力集中,一是因为他们对学习工作的内容非常感兴趣,二是因为他们有宁静的心灵,也就是说,这样的人的内心是自我和谐的,并没有那么多心理冲突。而那些自述注意力不集中的人,常常问题不在注意力本身有什么障碍,而在于自我苛求、完美主义的倾向,他们常常要求自己能够学习工作时完全"心无杂念",心思百分之百在工作上,若是不能达到这样的境界,就倾向于自我谴责和"逼"自己。这些人的问题是,他们把很多正常的心理现象当成了异常,越是苛求自己要注意力集中,注意力越是跑到了"怕被干扰","怕注意力不集中"上,导致对于外界刺激过于敏感,结果真的"注意力不集中"了,于是更加苦恼,更加想摆脱这种状况,更加关注注意力的问题,从而形成恶性循环,难以自拔。适度追求完美并没有什么不好,但若过分追求完美,则离心理障碍只有一步之遥了。

在自我苛求的背后,常常还有些深层的心理冲突。比如,有的家长望子成龙,对子女期望值很高,于是子女对自己的要求和标准也就高起来,想通过优异的表现获得父母更多的赞扬和肯定;有的人小时候受到的表扬少,批评多,于是也自我苛求,想通过做事做得无比完美来逃避可能的惩罚,可是绝对的完美是不可能的,这样的努力难免在现实中受挫,于是就批评自己,更加的自我苛求;有的家长自己就有完美主义倾向,这种倾向"传染"给子女,他们也就变得自我苛求了。

对于注意力不集中,不必过于自我苛求,可以采取一种"顺其自然"的态度,不要因为所谓的注意力不集中,就过分关注这件事,强迫自己甚至为此而焦虑,不要使心理能量过分固着在这件事上,以致形成恶性循环。

如果希望注意力更集中,那么需要让自己的心灵更宁静,不是说完全没有杂念,而是说尽可能减少左右为难的心理冲突。诸葛亮说:"非宁静无以致远",平衡自己的内心矛盾。这样,不经意间,你会专注于做事。

魔力悄悄话

缺乏注意力是困难的征兆,而不是起因。当一个学生说"我无法集中注意力"时,他其实在说,"因为分散我的注意力的东西太强,我不能专心手头的工作"。

五、注意力的心理训练

在人们的生活、学习和工作过程中,注意力起着非常重要的作用。有位专家说:注意力是学习的窗口,没有它,知识的阳光就照射不进来。对学生的学习来说,注意力的好坏也是至关重要的。有经验的教师在总结教学经验时,都知道学生学习成绩不理想可能与注意力不稳定、不集中的分配不合理有关。有人做过这样的实验:学生在注意力高度集中时背课文,只需要读 9 遍就能达到背诵的程度,而同样的课文,在注意力不集换散时,竟然读了 100 遍才能记住。可见,它与人的学习效率和工作效率有着非常密切的关系。因此有的专家说:"哪里有注意,哪里才会有思考和记忆。"注意是认识和智力活动的门户。

注意力的好坏并不是先天遗传的,而是靠后天的学习培养和训练得来的。下面我们介绍几种注意力的自我训练法。

利用课堂听讲锻炼自己的注意力

课堂听老师授课是学生学校学习的基本方式,占学生学习时间比重较多,如能重视课堂学习,注意听讲,不仅能掌握好课堂知识,还能发展自己的认识能力,长期坚持专心听讲,还会培养良好的注意的品质。

搞好课堂学习和提高注意力应做到以下几点。

1. 课前要认识到这堂课的重要,因为每堂课的内容都有它的重要性和意义,都有一部分新的知识要我们去掌握。多想这些重要性,并以此引起我们对课堂的兴趣和注意。我们就能专心听讲。

2. 要认识老师讲课的重要性,要适应老师的讲课方式。一般说来教师都具有比学生丰富得多的经验和专业知识,而且常常讲些书本以外的知识,有经验的教师还能教给学生怎样去学习知识和发展自己的能力,要认识到没有老师的授课和指导,学生学习的困难就会增大,甚至学不下去。作为学生,你要常提醒自己,要听好老师的讲课,向老师学习,不能错过学习的好机会!

3.排除干扰不受内外影响。当你发现自己有轻视讲课内容的苗头,或教师讲课方式不适合自己口味,或思想不自觉开小差的时候,要及时纠正过来,不能任其发展。当课堂上出现不安静,其他同学干扰,或外界的影响时,也要排除干扰,不受影响,保持集中注意的心理状态。上课不是看电影听故事,没有强烈的故事情节和鲜明的形象,去吸引着你的注意。课堂讲授的各种科学知识有它的知识体系,概念系统,比较抽象概括,它需要借助意志力的帮助,自我控制,去战胜分散注意的各种内外干扰因素,做到有意识的注意,有目的学习。

4.提高课堂学习效率,学生还应该有意追踪课堂内容和老师的思维活动。如果在课堂上只将注意力集中在听老师的讲课,不思考老师授课的内容,不理解这些内容,那么老师的声音会变成催睡曲,使你慢慢进入瞌睡状态。所以上课专心于听懂,一边听讲,一边很快地思考,弄懂所讲的意思,如此跟随老师讲解进行积极思考和对问题的探究,则会使你的大脑处于兴奋状态,也就是使你的注意力集中在讲解的内容上。

课堂上边听边想,这种思考是快速的,若思考过深过慢则会影响后面的听课。所以细细的咀嚼,深刻地思考和归纳,疑点的解决主要靠课后的复习或向老师同学去请教。

5.课堂上要善于分配注意。课堂上不仅要听、看、想,而且还要记笔记,怎样合理地分配注意力,而不至于顾此失彼,也是很重要的。有些同学只顾一字不漏地记老师讲的内容,但没有功夫思考;有些同学仅顾听,不愿思考一下,听而无味;也有的只顾着想,忘了听下去,或记笔记。其结果都会影响上课的效果。有经验的同学善于转移和分配注意,他听讲时还要快速地想想,当听到重点的内容或老师补充教科书上没有的材料就简要地记一下,以帮助课后复习和理解。如此分配注意于听、想、记上,以理解内容为重点,兼顾各方面,结果是大大提高了课堂学习的效果,还培养了良好的注意的转移和合理分配能力。

在学校学习中,如果能够全神贯注、集中注意力和合理分配好注意力,搞好课堂学习不仅是提高学习效果和提高学习成绩的关键一环,而且通过课堂学习训练也能培养良好的注意品质,从而促进注意力的发展。

在阅读中培养自己的注意力

研究指出,注意力是集中还是涣散直接影响着读书的效果。读书的目的就是理解书的精神实质,记住书的主要内容,要做到这些,就必须集中注意力,特别是在深入思考书中所讲内容的深刻含义时,必须聚精会神,高度集中注意力。所以说在阅读过程中集中注意力是理解和记忆的前提条件。那种随意乱翻,心不在焉的读书是没有什么收获的。

阅读教材或有关参考资料,精读其他书籍时,要想获得好的学习效果,就必须集中注意力,而且把读书与训练注意力结合起来。许多著名的学者都很注意这方面的自我训练。如有的人在读书时,就经常在一些重要内容旁边写上注意,特别注意等。也有的用划符号或用"!""?"以及"☆"作记号以引起注意。梁启超是我国近代一位大学问家。他曾经告诫他的学生,如果想要学会读书,就要读书读到能将书平面的字句浮凸出来为止。书平面的字句会浮起来呢? 他的一个学生听了很纳闷。许多年过去了,这位学生在广博地读了许多之后,使平面的字句浮凸出来,指的是在读书过程中要对阅读材料选择性地给予不同程度的注意。那些不重要的字句游览一下就放过去了,而对那些重要的关键的字句,则要给予充分的重视,甚至做到在读某一篇文章时,能一下子注意那些最重要最关键的字句,好像这些字句是有别于其他字句浮凸在书面上似的。

梁启超的读书法很有效。因为它能提纲挈领地马上使人掌握某一篇文章的重点和关键。掌握这个读书法的一个技巧,就是训练对那些关键词句的集中注意力。事先确定一个阅读范围,阅读时,只对最重要和最关键的部分给予最集中的注意,天长日久,每读一遍文章时,你就会发现书上总有某一个重要的注意点毫不吃力地凸显出来了。

注意力——不闻雷霆之震惊

注意力是影响学习效率的最重要因素之一。它是一种非智力因素,在学生的学习过程中起着重要的作用。

根特的集中注意训练法

根特先生是德国著名的哲学家,根特在读书时经常使用一种精神集中法。其做法是,当他读书前,或者在书房里深思冥想问题时,他必定是透过窗户凝视着远方屋顶上的一个随风摆动的风向标箭头,他一边眼盯着风向的转动,一边下意识地沉浸于深深地思考之中。这种方法大大帮助了他,哲学中的许多理论就是这样思考出来的。这种方法好像没有什么奇特,我们这些读书人,也有这方面的经验,当两眼凝视着某一点时,一边对着视点出神,一边思考着所要解决的问题,或者思考已读过的内容,好像无形之中,注意力就集中在一起,促进了思考的深度。

这种做法所以会产生如此好的效果,也还是有其道理的。当人的双眼长时间地凝视在一点时,视野就会变得狭窄,那些容易吸引你并导致注意力分散的事物也就会进入眼帘,因此人的意识范围也随着变窄,从而使人达到注意力集中的心理境界。

有一位获得较大成就的科学家说:他读书之前,或在思考问题时,喜欢双眼盯着窗外的松树枝,目不转睛地望着,望着,很快地就集中起精神来,不自觉在进入了学习的遐想,这种方法对他的读书或思考问题很有帮助。

魔力悄悄话

希望同学们也能像这些学者那样,当你一坐在书桌前,就习惯地把面前某一件东西作为注意的靶子,例如屋外的天线、树枝、电线杆,或书桌上的台灯开关、铅笔、台笔、自己的手指等。然后用双眼凝视着它,并经常做这种练习,定会有好的作用。

六、记忆——让你我又爱又恨

学生时代的我们都有过这样的困扰,每天要记大量的课文、单词,大脑的这些记忆负担搞得我们疲惫不堪。更令你烦恼的是,为什么有些内容,明明花了很多时间去背去记,却总是记不住,在考试的时候总回忆不起来。这时你可能会生气自己为什么记忆能力这么差;抱怨为什么要背要记的内容记不全;幻想着如果自己有一种记忆魔法就好了……

那么,假如有一天你突然失去了记忆,那又会怎样?

你可能会认不出哪些是你的亲人,可能会忘了谁是你的朋友,可能不知道自己的卧室是哪一间,可能出了门就忘了哪一栋房子是自己的家,甚至可能连自己的名字都叫不上来。你不能上学,因为你不知道自己是谁,你的亲人、同学、你的老师,都不认得了。即使这些困难都克服了,学习对你来说也是一件不可能的事,因为你学过就忘,同样的内容对你来说永远是新的。没有了记忆,我们每一天都会像刚出生的婴儿那样,什么都不懂,什么都不知道。

记忆对我们的学习和生活是如此的重要,我们对它又了解多少呢?有人说过,我们只开发了大脑10%的资源,这通常指的是我们只利用了记忆的10%的容量,尽管有点夸张,大部分人没有充分有效利用大脑却是一个事实,这可能与我们对自身不了解有关。有人会问,我们怎么可能连自己都不了解呢?不信?让我们来一起探索记忆的"黑匣子"。

前面已经提到,刚看过的内容有些能够长时间地保存在我们的头脑中,有些则很快在我们脑海中消失。心理学家将能够长时保持的记忆称为长时记忆,比如小时候学过、至今仍能背出的一首古诗;在不到一分钟就忘了的记忆叫做短时记忆,比如在听到一个手机号码以后,你或许可以准确地复述出来,但是很快就会记不全。心理学家还发现有一种记忆的时间更短,不到半秒钟就忘记,并把这种记忆叫作瞬时记忆,比如刚刚过去的一个电视画面。下面我们将分别详细介绍这三种记忆的特点,然后再根据它们之间的关系介绍记忆过程中的各种现象。

记忆广度的发现也是十分有应用价值的。我们在日常记电话号码的时候并不是像我们上面念数字那样每念一个停一秒钟,而是经常是将电话号码分成两部分来记。比如,要记住 52687871 这个号码,我们在心里默念的时候通常是念了前四个数字后稍微停顿一下再念下面四个数字(即 5268—7871),也就是将它分为两组来记。这样记住 8 个数字是不成问题的,这是不是说我们的短时记忆平均不止 7 个呢?米勒在后来的实验中又发现,短时记忆的容量大小不是由记忆材料的数量决定的,而是由材料的意义单位决定的,如 2471530121987 是一长串数字,远超过 7 的限制,但如果赋予这些数字意义,变成 24(小时)—7(一星期)—15(半个月)—30(一个月)—12(一年)—1987(年),然后再记这长串数字就比较容易。米勒称此种意义单位为"组块",因此所谓的 7±2 并不是指人们只能一下子记住 7 个左右的数字或字母,而是指 7±2 个组块。下面,我们来做个小练习,看看这几个词看一遍你能记住多少:

北京　上海　天津　重庆　电视机　电冰箱

录音机　洗衣机　欣喜　愤怒　悲哀　快乐

总共十二个词,一个一个地记肯定超出我们的短时记忆容量。但是不管怎样,你应该可以记住 7 个以上。这是为什么呢?其实我们的短时记忆就像一个分成 7 格左右的柜子(米勒所说的"组块"),每一格只能放一件物品,如果你能把几样东西打包,你就可以放更多的物品。上面的十二词很明显可以分成三类,第一类是地名,第二类是家用电器,第三类是喜怒哀乐的情绪表现。而且地名上海、北京、天津和重庆是中国的大城市,如果你知道它们是中国的四个直辖市的话,那么你相当于只要记住"直辖市"这个词,仅占用柜子的一格。

如果这些词是属于不同类别,那就可能增加记忆的负担。我们来看看下面这些词,你看了一遍能想起多少:

沙漠　数学　灯泡　深刻　网络　天空　情感　成就　日记　电梯

你会发现要记住这十个词比记前面的十二个词来得吃力,这是因为它们之间没有多大的联系,你不能将它们打包存放。这就是米勒发现的短时记忆的特点:虽然容量只有 7 个项目左右,但是如果你善于组织存放,你可以放得更多。不过这种组织还是有一定的限制,经验表明,如果每一个记忆单元包含 3 ~ 4 个项目,我们一般只能记住 4 个左右这样的单元。

回到上面的例子。如果你是一个外国人,你不知道北京、上海、天津、重庆是中国的直辖市,那么就不可能将它们都记住。我们可以从中得到启示:如果我们知道得越多,知识越丰富,那记忆就越轻松。其实短时记忆与长时记忆是双向沟通的,短时记忆能够调用长时记忆的知识来帮助记忆。也就是说如果我们的长时记忆存储丰富的话,将有助于短时记忆的打包保存。

实际上,我们上面讲到的很多例子都与长时记忆有关。短时记忆自己是不会给材料附上意义的,所谓的意义都是来自长时记忆以前的知识存储。短时记忆就相当于人这个大工厂的一个重要车间,这个车间里的工人从瞬时记忆中选取出材料,按照从长时记忆中拿来的图纸对这些材料进行加工,加工完以后就分类堆放在长时记忆里。

我们知道短时记忆保持的时间是一分钟以内,而长时记忆是指保持时间超过一分钟,可能是一小时、一天、一个月甚至一生。有人甚至认为进入长时记忆的内容除非出现特殊事故,如脑损伤,否则是永远不会忘记的。这一点显然与我们的经验有点距离,在日常生活中我们发现,不管一个人的记忆力有多好,他总有忘事的时候。其实,临床实验的证据表明:当我们在记忆某些事情时,我们的大脑皮层的某一部位或某些相关组织发生了永久性的变化。

谈到长时记忆的保存时间以后,可能你会关注这样一个问题:如果我们所记忆的内容都在大脑里留下痕迹,那么大脑的存储空间是不是有一天会耗尽? 由此牵涉到一个问题:记忆能否长久保存跟我们的大脑容量有关。其实,很早就有人提出这样的观点,认为我们只开发了人脑的 10% 资源。这种观点值得推敲,人脑还有 90% 没有利用的观点是不能单纯从句子的表面来理解的。不过我们得承认的一点是,我们的记忆力还没有开发殆尽。我们的大脑能装下的东西确实是出乎我们的意料的。

英国心理学家巴特利特(Bartlett)用故事和图画等有意义的材料来进

行研究,发现人们能够回忆得起来的内容与他们起先记的内容有一定的差异。比如,他做了这样一个实验,给几个英国学生讲一个北美印第安民间故事,15—30分钟后让他们写下他们能记住的故事内容,结果发现学生写下来的故事比原文短,有点像摘要。由此可见,我们记住的不是原原本本的内容,而只是按照它的意义来记。你可以试着做下面一个简单的实验。首先,请仔细看一遍下面的一串词汇:

糖果、快捷、良好、滋味、迅速、味道、饼干、

苦味、优美、蜂蜜、果冻、馅饼、白糖

现在请不要回头看上面的词汇,辨别下面三个词是否是你在上面看到过的:滋味、快速、甜蜜。

许多人都十分肯定地说,甜蜜一词出现过。但事实上,上述词汇并没有包含这个词。为什么会出现这种结果呢?我们仔细分析一下前面的词汇就不难看出,有许多词汇在意义上与甜有关系。这证明我们的长时记忆是按照意义来保存的,意义上的混乱可能就是造成遗忘的原因之一。

魔力悄悄话

到现在为止,我们所讨论的都是长时记忆对语言文字的记忆,其实,生活中我们还有很多与长时记忆有关的经验。如看完一场电影后,隔个三五天,故事情节依然印象深刻;参加过的生日宴会总是历历在目;一次奇异的旅行让你终生难以忘怀等等。这些与我们上面讲的语言文字的记忆有很大的不同。由此,我们可以得出这样的结论:记忆是一种复杂的现象,想要用一种理论来解释所有的记忆现象是不可能的。

第七章
用注意力成就目标

　　许多专家和有经验的老师都认为：在同一个年龄段，同一个班级里常常会有学习成绩差别很大有两个极端，其差别的原因，除了学习动机和学习态度及学习方法等因素外，一个很重要的因素就在于这两部分同学之间在注意力的能力上有着很大的差距。因此某位教育心理学家说："注意是保证学生顺利学习的重要前提。"注意力的好坏并不是先天遗传的，而是靠后天的学习培养和训练得来的。

一、让"小闹钟"做时间郎

面对着日益丰富的物质生活,许多青少年仿佛没有时间观念,尤其是在他们做功课时,一会儿想要摸摸电脑,一会儿又要想听首歌,总之很难集中注意力,原本简单的作业,却拖拖拉拉两个小时才能完成。

父母看到自然要批评他两句:"你怎么又分神了? 赶紧给我做作业!"可是稍不留意,他的注意力又跑到了"爪哇国"。父母在心里无奈地说:"哎,这该怎么办才好呢?"

之所以这样,最关键的一点是因为他们年龄尚小,不知道如何集中注意力。因此,父母可以利用"小闹钟",以此来裁决功课时间,让他提高做功课时的注意力。

小楠是个出了名的磨蹭人,她做作业的速度相当慢,总是一会儿喝水,一会儿玩橡皮,20分钟的作业拖一个多小时还不能完成。妈妈多次告诉她,做功课时应当提高注意力,可是小楠答应得爽快,却仍在写作业时摸东摸西,始终不能快速完成,每天都要熬到11点之后才能睡觉。

这一天,妈妈突然想到了一个办法。她问小楠:"小楠,你今天作业有多少啊? 差不多要多久写完?"

小楠说:"如果一直写不做其他事情的话,那么差不多一个半小时就完了。"

"这样啊,"妈妈一边说着,一边拿起一个闹钟开始上发条,"现在是8点整,那么我给你定到9点20,我倒要看看,你能不能像你自己说的一样。现在我出去啦,等到闹钟响的时候我再来,到时候你可别说还没完,别忘了这有倒计时哦。"说完,妈妈把闹钟放在桌子上走出去了。

很快地,9点20的闹钟响了,妈妈刚准备站起来,这时就看见小楠拿着作业本跑了出来,兴奋地喊:"妈妈你看,我今天全写完啦!"

妈妈说:"真不错!妈妈就知道你行,现在你就去好好玩个痛快吧!"

从这以后,妈妈再也没有站在小楠的后面说:"快点、快点"。因为,一个小小的闹钟,让小楠注意力不集中的现象彻底成了历史。

妈妈没有再督促小楠,而是摆放了一个小闹钟,就是想让她知道:在你的面前,有一个小闹钟在看着你,如果你还是拖拖拉拉,那么等它响起时作业依旧没有完成,不要说如何对家人交代,你觉得自己光荣吗?当小楠意识到了妈妈的这个暗示,自然就使她注意力集中,在规定的时间内顺利完成作业。父母在桌上放一个机械闹钟,目的就是为了告诉他:"听!滴答,滴答秒针走动的声音就是在提醒你集中注意力。"这个时候,他就会懂得父母的暗示,于是把注意力与闹钟的声音建立起一个联系,仿佛听到闹钟的声音在不断提醒着自己:集中注意力。而闹钟响起的那一刻,也正是结束之时,就如考试的铃声一般。这样一来,他的注意力自然就不会分散。

利用小闹钟提高注意力的优点还在于:过去父母总是唠叨,他们会认为原来学习是为了家人,因此不愿意主动学习;但现在没有了父母的唠叨,作业就是自己的任务,并且在这个过程中也不断体验到了成功感,学习自然更加自觉。因此,小闹钟的"暗示",远比父母的督促有效果的多。

当然,想要提高注意力,父母还可以多利用闹钟,让它成为的"玩具"。例如,父母可以让他们玩"排炸弹"的游戏。父母给孩子蒙上眼睛,把闹钟上好发条,设定为5分钟之后响,然后将闹钟藏好。游戏开始以后,全凭耳朵判断闹钟在哪里,在5分钟之内找出闹钟。如果没还没有找到,闹钟就响了,则代表定时炸弹爆炸了,排除定时炸弹失败,游戏也宣告失败。

魔力悄悄话

只要父母能够不断挖掘闹钟的"潜力",那么相信不用多久,孩子就一定会成为"集中注意力达人"!

二、如何面对考试慌乱的学生

每个学期的期末考试，都是对学生几个月来的一次最终考核，因此，他们自然会有些诚惶诚恐，总担心没有达到预想中的成绩。即使翻看书本，他们也总会认为还有许多问题没有掌握，一下子便慌了神，无法进行系统复习。

在这个时候，绝大多数的父母都会安慰，说些"别着急，慢慢来"的话。可是此时在他们的脑海中，这种语言的潜台词就是"你一定要赶紧复习啊"，从而使心理压力更大，眼前尽是问题，根本不知如何下手，因此要集中注意力就成了空谈。

专家建议，其实对于面对考试手忙脚乱的学生，父母不妨积极地劝他猜题。这样，他们就能从焦急的心态中走出来，将目光集于一点，从而有助于他缓解紧张的情绪，在考场上发挥正常水平。

还有两天，林侗就要迎来期末考试了，可是他却显得异常慌乱，总是对着书本唉声叹气。恰巧妈妈听到了这个声音，于是走进屋子问道："林侗，你这是怎么了？不是马上就要考试了嘛，怎么一脸愁容？"

"妈妈，"林侗揉着眼睛说，"就是因为快考试了，我才感到特别紧张。我的数学一直不算特别好，可数学又是主科，我不想总让它拉我后腿啊！所以，我就想赶紧再复习复习，争取考得更好，但是我摊开书一看，里面一会儿是勾股定理，一会儿是等边三角形，一会儿又是立体几何……想到这些，我的头都快炸了，这还怎么复习啊！"

听完儿子的话，妈妈坐在他的身边说："儿子别急，咱们肯定有办法解决的。妈妈给你想个好办法。不行咱们押题吧！"

"押题？"

"对啊，你们这学期数学，哪部分是最重要的呢？哪部分又是第二重要的?"

"三角形证明是最重要的,其他的都一般吧。"

"好,那咱们就专攻三角形证明!儿子放心吧,考试的时候,这个一定是占大分,所以咱们就先把它拿下,然后再说其他的!"看着有些迷惑的林侗,妈妈斩钉截铁地说道。

"那好吧,也只能这样了,我现在就开始复习三角形证明。"说完,林侗冲着妈妈笑了笑,然后摊开书本,不再抱怨。

剩下几天,林侗都是如此,集中注意力攻克数学。果不其然,考试时三角形证明占了大部分.而林侗也自然取得了满意的成绩。

妈妈让林侗猜题,集中复习三角形证明的方面,就是为了给予他暗示:在这学期的数学中,三角形证明是最重要的一部分,考试一定会占较高的比例;既然意识到了这点,那么为何不集中注意力将其攻克? 这远比坐在这里唉声叹气、手忙脚乱要好得多!

让手忙脚乱的学生在考试前猜题,这并非是让他"押宝",而是为了让他明白:在所有知识中,总有一项是最重要、最容易频繁出现的,只要能看到这一点,那么复习也就有了一个明确的方向。当明白了父母的暗示后,自然而然地就会思索,开始衡量目前应该针对哪个问题进行复习,这样,他就不会显得那么患得患失了。

所谓"考前猜题",这就是考验学生是否掌握重要事项的行为,即为注意力集中法。让学生猜题,他就能明白哪里重要,然后根据这些调整自己的想法,从而做到安心复习,集中注意力,为提高考试成绩打好基础。

魔力悄悄话

当然,父母还应当提醒孩子,猜题的行为没有错,但是不可将筹码皆压于此,它只是给自己复习指出了一个方向。在针对这个问题进行专攻之后,还应当给其他问题留有适当的时间,这样才能保证考场上的"万无一失"!

三、青少年顾虑太多的时候

面对一个正待解决的问题,有的人却总是左顾右盼,迟迟不敢下手。相信有不少父母,都看到过这种表现。于是,父母就鼓励他:"别怕,赶紧上啊!"

谁知道,得到的回答却大大出乎了父母的意料:"哎呀,不是我不敢,可是这需要这么多步骤,你看,有一项还那么难,我到底该怎么做才能开个好头?"

父母这才明白,原来交代事情迟迟没有进展,并非是由于他的胆怯,而是因为顾虑太多。

以至于连"开门"的勇气也丧失了。

对于这样的疑问,让父母也不知如何是好。

其实,父母不妨转换一下思维,让他先处理最担心的环节,令他的注意力不被过多分散,这样,等到克服了苦难之后,他继续做下去就会感到顺风顺水。

一个周日的下午,王清的爸爸妈妈出门办事,留下他自己在家做美术作业。

到了晚上,爸爸妈妈回家,却看见王清面前依旧是白纸一张,于是爸爸不禁有点生气,大声说道:"你作业也不做,真不知道你下午干什么了!"说着,就要拧王清的耳朵。

王清见状,吓得大哭了起来。

妈妈急忙拦住了爸爸,然后坐在王清的身边,温柔地问:"孩子,你没有画画这是为什么?是不是忘记了?"

王清哽咽地说:"妈妈,我当然没有忘了。只是我不知道怎么弄才好。我们刚刚才学美术,老师就要求我们画一张完整的图出来。我知道画画不容易,不仅需要手上的功夫好,还要会调色彩,还要想到自己画什么,想到的能不能画出来……这些搅得我头好疼,让我根本不知道该先做什么……"

"这样啊,那么妈妈问你,在这几项里,哪一个你觉得最没把握?"

"当然是手上的功夫了,我总觉得自己画不好。我想画一栋房子,就怕把它画歪了。"

"既然你怕这个,那么咱们先把楼的轮廓画出来,然后再调颜色,来吧,妈妈在旁边看着你画,我相信你一定能画好的!"

有了妈妈的鼓励,王清拿起笔,开始在纸上画了起来。没过一会儿,一栋大楼渐渐有了模样,这时候妈妈说:"哈哈,真不错! 接下来你没问题了吧?"

"嗯!"王清拍着手说,"这个难题解决了,剩下的就好办了! 谢谢妈妈!"说完,他仰起脸,露出了灿烂的笑容。

妈妈没有像爸爸那样,对王清一味地训斥,而是建议他先将最担心的部分画好,目的就是想要让他集中注意力,不要总想着事情难以完成;如果自己能先把困难的一环做好,那么完成全部任务就会轻而易举。当王清体会到了妈妈的暗示,就会首先针对难题。

当难题解决完毕后,这时他会发现,原来成功在不远处向自己轻轻地招手呢。

当父母看到孩子面对某项问题表现出顾虑时,不要自作主张地批评或者鼓励,而是应当积极了解他们当时的想法。

倘若他们真的是因为感到困难而迷惑时,父母就可以通过言语的暗示,将困难的任务分解。这个时候,就会体会到,原来让自己感到困难的不是整个任务,而是任务中的一部分,这样,他的注意力就会集中于此,而不是"东看一眼,再西看一眼"了。

接下来,父母就可以鼓励他们,将困难的那一部分首先攻克。当他们将此解决之后,他会赫然发现,原来让自己深感不安、不断拖延的事情,实际上只用了很短的时间就处理了。

而难题既然已经解决,剩下的事情又得心应手,成功岂不是就要实现了吗?

因此,对于一件棘手的问题,父母就应当帮助把它分割为数份,然后暗示他将注意力集中于最困难的一项或几项继而逐一解决。这样不知不觉中,他们就会发现,原来我的任务已经全部完成了!

魔力悄悄话

在日常生活中,父母也应当灌输这样的道理:我们也许没有能力一次就取得一个大的成功,但我们可以通过努力,积累出无数个小成功。倘若青少年有了这样的意识,那么在他的成长中,又有什么问题能把他打倒呢?

四、让孩子列举"马虎"事件

提到孩子的马虎,每个父母都会立即联想到一个词:没辙。无论父母如何苦口婆心地教育,他们的马虎仿佛与生俱来一般,永远看不到改正之日。于是,教育专家总能听到父母如此抱怨:"做作业很马虎,很多简单的题目老是做错,每次都丢三落四的坏习惯,还经常忘了带作业本或课本到学校……什么时候,孩子才能丢掉这粗枝大叶的毛病?"

专家分析,其实青少年总是马虎的主要原因,就在于他对这种行为并没有感到格外严重。找到了病根,父母的解药也就不必求人:让他们认识到问题,将注意力集中于此,认清身上到底出现过多少马虎事,那么他的粗枝大叶就会逐渐减少。

期末考试成绩公布下来了,妈妈看着王娟的考试卷,不由得气不打一处来:"那些难题你全写出来了,可是7乘以8你却能算错!我该说你什么好呢?"

但是,王娟却显得不以为然:"妈妈,我不过就是一时马虎罢了,我以后注意点就是了。你怎么不说我还考了全班第三呢?"

妈妈原本想训斥王娟一番,突然听到她这么说,于是不急不躁地说:"是吗?那么要改就改彻底,你和我说说,你之前到底有过多少次马虎?"

"嗯……有一次马虎是因为我没看清表,以为还很早,结果上学迟到了。还有一次,我本来说放学后去打羽毛球,可是到了球场我才发现,我居然带的是网球拍。"上个学期,我已经进入了学校电脑竞技班,谁知道报名的时候把名字写错了,结果到手的机会被别人抢走。最近的一次,就是把简单的乘法写错了吧。我记得好像还有……我怎么做了这么多马虎事儿呀?"王娟说着说着,不禁对自己的行为咋了咋舌头。

"怎么样?现在你回忆起过去的马虎事,心理有什么感想?还会认为你的马虎都是一时的吗?"妈妈忍住笑,在一旁说道。

妈妈的话,让王娟不好意思地挠了挠头。片刻后,她对妈妈说:"妈妈,其实这些都是我粗心大意造成的,总以为细节已经做好了。从今以后,我会努力改变粗心的毛病的。虽然我知道,这是个漫长的过程,但是我有信心……"说来也怪,与妈妈的这次对话后,王娟变得越来越细心,不再像过去一样做事粗枝大叶。自然地,她的马虎事件也越来越少,成了一个人见人爱的孩子。

妈妈放弃了毫无效果地说教,让王娟自己列举曾经的马虎事,就是要让她接收到这样的暗示:不要总看着自己的成绩,而是应当把注意力集中到那些马虎事,想想自己为什么出现了失误。当王娟注意到,原来自己的粗心大意早已成为习惯,这时她就能发觉马虎的危害,因此不必家人督促就愿意改变。

一般来说,每个人都喜欢看到自己的成功,而对于那些"马虎事",他会主动改变。但是追其原因,多数都是由自己的马虎造成,倘若他自己迟迟意识不到,那么即使改变,多数都是因为不愿听父母训斥从而"被接受",改正的心态可想而知。因此,让他们的注意力转移,暗示他多看看自己因为马虎而导致的失误,他就能发现自己的粗心,从而主动地做出积极改变。

狄更斯是享誉世界的小说家,他对自己有一个规定,那就是没有认真检查过的内容,绝不轻易地献给公众。

每天,狄更斯会把写好的内容读一遍,从中发现问题,然后不断改正,直到6个月后才会拿去发表。正是因为如此,他才能写出经典的《雾都孤儿》。

所以,父母一定要暗示他们:只看到自己的长处,却不愿将注意力集中在马虎大意之上,那么自己一辈子也很难取得成功。

魔力悄悄话

改变马虎是一件长远的事情,父母不要幻想他能瞬间改变。只要能够做到循序渐进,利用暗示手法不断提醒孩子,那么他们迟早就能砍掉身上的"粗枝大叶"!

五、让孩子的注意力回归功课

在青少年的身上,有一个特点异常明显,那就是思维活跃。有的时候,父母一句话就能让他联想到许多,继而滔滔不绝地讲起来。可是当这份活跃在他做功课的过程中,就会导致一种不好的习惯出现:开小差。

在父母的眼里,他们总爱开小差,这可谓最大的恶习,毕竟这将导致他学习时不能集中注意力,从而导致落后于他人。可是想改变这个习惯,父母们却没有什么妙招,总是不约而同地选择了"监视",盯着一举一动,以此期望他们将注意力投入课本之中。

其实,想让注意力重新回归功课,父母大可不必如此兴师动众。倘若父母能够让孩子学会朗读,那么开小差的毛病自然就迎刃而解。

这天晚上,叶枫一直到十一点还没有睡觉,原因就是他始终记不得一篇课文写的是什么,因此读后感和段落大意迟迟不能总结出来。爸爸不解地问:"叶枫,怎么这篇文章你理解不透呢? 它没有很大的难度啊!"

叶枫挠着头说:"爸爸,不是我不想理解,只是我不知道为什么,始终连这篇文章都感觉看不完。我刚看了几行,脑子不知道就又飞到了哪里,想控制都控制不住! 这该怎么办?"

爸爸想了想,拍着他的肩膀说:"儿子别急。我告诉你,你现在大声地朗读一遍,就当给我讲故事一样。念完之后,你再看看有效果吗?"

为了早点休息,叶枫不得不采取了爸爸的建议。叶枫站了起来,拿起书本开始朗读:"深蓝的天空中挂着一轮金黄的圆月,下面是海边的沙地,都种着一望无际的碧绿的西瓜,其间有一个十一二岁的少年……"

二十分钟后,叶枫将这篇文章大声地朗读完毕。这个时候,他的眼睛突然一亮,然后对爸爸说:"爸,我知道该怎么写了! 你的这个办法可真妙!"说完,他埋下头在本子上奋笔疾书。十几分钟过去了,叶枫终于将作业完成,然后心满意足地上床睡觉了。

看着安详睡去的儿子,爸爸心里暗自兴奋:"没想到我随口一说,真的还取得了良好的效果!看来以后这个方法值得长期使用!"

爸爸让叶枫将课文大声朗读出来,就是要让他体会到这样的暗示:自己开小差,是因为脑子总闲不住,想要考虑其他事情;但是朗读的话,势必不能再考虑其他的事,否则就要出现差错,只有保持绝对的注意力,文章才能顺利朗读完,这样叶枫就没有机会开小差。

为什么利用朗读能够达到提高注意力的效果?这是因为,默默地看书时,只能运用到视觉这一单独感官,这就给了相对轻松的思维以发散的机会。但是朗读却具有从视觉扩大到听觉,眼、口、耳、脑等器官的特点,这个时候,他就能将注意力会集中于课本之上。因此,宋代文学家朱熹才说出"余尝谓,读书有三到,谓心到,眼到,口到"的话来。

当出现注意力不集中的情况时,父母不妨让他进行朗读,这样,他就会为了将不太熟悉的文章或数学概念、公式正确念出,从而集中自己的注意力。一般来说,孩子也不会拒绝朗读,因为他能在这个过程中感受到忘我的境界,体验一种成功感,所以朗读不失为父母的一个注意力暗示利器。

魔力悄悄话

对于开小差,父母也应当有正确的认识。由于孩子尚在小学,并不具有成年人的情感和意志,他们的不随意性仍然占主导地位,注意力一般只能维持在 25 分钟之内。所以,父母不要拿着朗读当"万能药"。当专心学习半小时左右,父母不妨让他放松片刻,例如,听听音乐、看看窗外,这样,他才不会企图与课本"彻底决裂"!

六、按时做家务

注意力不集中,这是青少年的通病。

表面上看,这是因为他们的不认真造成的,但实际上,这和年纪尚小,认知能力比较弱不无关系。所以,想达到做事尽善尽美的程度,就必须进行强化训练。

可是这个时候,父母却犯了难:这种强化训练怎么进行呢?借助哪种形式才能达到最佳的效果?于是,有的父母盲目地让孩子干这、干那,既没有条理也毫无意义,反而让他们对这种强化训练产生了抵制情绪。

其实,想通过训练给予注意力方面的暗示,最简单且最有效的方式就是让他养成按时做家务的习惯。

倘若父母能够坚持一段时间,就会发现,他会形成一种"生物钟",在特定的时间内主动集中注意力。

尽管妈妈知道,现在的小孩多数都有注意力不集中的情况,可是在郭静身上,这个毛病似乎更加严重:上课忘带课本、作文总写错别字……甚至连穿袜子的小事,她都能穿出两只不一双的丑态来。

为了纠正孩子的这个毛病,妈妈开始了多方咨询。这天,一个朋友推荐了让孩子按时做家务的方法,于是她决定试试,看看是否有效果。

"小静,这是妈妈给你准备的计划表,你看一看,每天都要按照这个做!"

郭静接过妈妈的计划书,默默地念了起来:"早7点:自己叠被子;7点20:下楼为家人买早点;中午12点放学:帮爸爸买报纸;下午1点30:关好门窗;下午4点30:买馒头;傍晚6点30:提醒妈妈看天气预报;晚上8点:自己刷自己的碗筷;晚上9点30:检查煤气是否关好。"

看完这份计划书,郭静不满地撅起嘴:"妈妈,我凭什么干这些啊?"

"哼,你干一段就明白了。当然,妈妈也不是让你白干,如果这些事每一天都能做好,那么每天晚上睡觉前,我就奖励你一个你从没听过的故事!"

这下子,郭静不再抱怨了。从这天起,她每天都按着计划书做家务。一开始,她还要不时瞅上两眼计划书,但是渐渐地将其牢记于心底,没再出过差错。

更令妈妈感到惊奇的是,在很长一段时间内,郭静再没有出现注意力不集中的现象,过去的小毛病逐渐消失了。她好奇地问郭静:"你这一段进步怎么这么大啊?"

郭静骄傲地说:"其实我也说不明白,但是我能感觉到,现在做每一件事已经提前准备好了,每一个细节都了然于胸。妈妈,我的毛病再过一段时间一定会彻底改变了吧?"

妈妈微笑地点了点头说:"那是一定的!妈妈相信你一定会越来越优秀的!"

郭静的妈妈让她每天按时做家务,目的就是想要她知道:从今以后的每一天,在这些固定时间内,你要自觉地做这些事;倘若你能注意力高度集中,每一件事情做得无可挑剔,那么你不仅能收获自豪感,还能收到妈妈的奖励。

当郭静意识到妈妈的这种暗示,必然会集中注意力,努力做好每一件事情。

表面上看,这种训练法是锻炼劳动能力,但是在这其中,也让青少年学会了集中注意力的本领。

在每一天的固定时段中,总会想起:对了,此时有事情在等着自己,我赶紧集中精力把它做完,这样就完成了一个任务!久而久之,经过数周的训练,就会形成一种生物钟,在特定的时间内主动提高自己的注意力。

通过按时做家务,学会了如何调整注意力。当这个能力逐渐成了习惯时,就会不由自主地运用到其他事情上。

如饭后的作业,倘若此时没有集中注意力,那么就有可能出现拖拉的情况,导致了后面的事情不能按时进行;即使做完却因为注意力分散,造成出现了大量的错误,那么明天的事情也将受牵连。这样一来,集中注意力就会在他的潜意识中生根发芽。所以说,利用"按时做家务"暗示,就能起到提高注意力的效果。

魔力悄悄话

当然,为了防止出现惰性,对于这份家务计划书,父母可以定期更改内容。只要父母能够坚持不懈地暗示,那么孩子的注意力自然会形成一个分毫不差的"生物钟"!

七、让孩子学会"功课好处幻想法"

"妈妈,数学课本太枯燥了,我实在是看不进去……"无数次,父母提醒要提高学习注意力,却没想到孩子做出了这样的回答。对于此,父母也陷入了两难境地:无论鼓励还是打骂,孩子已然不能集中注意力,那么自己的说教,又有什么用处呢?

诚然,对于难度越来越大的学业,越来越多的学生都感到枯燥乏味,即使硬着头皮看下去,坚持不了多久注意力就会出现偏移,相信父母在年少时也会有这样的体会。但是,难度大并非意味着就无法解决。

为什么学生总是无法安心学习? 这是因为,他们只看到了痛苦的一面。

所以,父母不妨让孩子的注意力暂时转移,幻想做功课的好处,这样就能投入书本的海洋之中。

这天,赵琦又因为无法专心致志地写作业,拖拖拉拉到半夜还没能上床睡觉。

他一脸愁容地对爸爸说:"爸爸,这物理我实在看不进去了,我刚看两眼公式就感到烦躁,就想翻漫画书。你说物理怎么这么让我无法投入呢?"

爸爸说:"赵琦,你忘了自己的理想了吗? 你不是说最崇拜的人是杨振宁,将来要向他一样,获得诺贝尔物理学奖?"

"可是……"赵琦低下了头,"我感觉自己很难将注意力集中,总看到物理的难度……"

"儿子,你干吗总想到困难呢? 咱们暂且忘了它的不易,想想如果你学好的话,会有哪些好处呢?"

"会得到你们的表扬吧,最多就是奖励一辆自行车罢了。"赵琦不以为然地说。

"难道只有这些吗?你再好好想想!"爸爸暗示赵琦,将视野放得更宽一些。

"嗯……还有同学们的羡慕,毕竟物理优秀的人不多。还有就是老师的表扬,也许我还能获得三好学生?"赵琦小心翼翼地猜到。

"不行不行,你再想得远一点!"爸爸故作夸张地摆了摆手。

"长远一点,那就是我获得了全国物理竞赛的冠军!那个时候我就成名人了,还能上报纸呢!对了,如果我能获得冠军,校长一定会推荐我参加清华大学的独立招生考试!再往后的话,我成了著名物理学家,那个时候,不仅是我自己,连爸爸妈妈都能成为被人敬仰的对象!"

"哈哈,"爸爸大笑道,"那么现在你该知道怎么办了吧!"

"嗯!"赵琦肯定地点了点头,然后深吸了一口气,心无旁骛地投入于学习之中。

以后的每一天,只要爸爸看到赵琦出现注意力不集中的情况,就会提醒他想一想成功的好处。久而久之,赵琦变得越来越沉稳,终于不再学习时表现出浮躁了。

爸爸没有督促赵琦,而是刻意地让他将注意力转移到成功后的幻想之上,就是要让他体会到:尽管物理难度大,但是如果一旦攻克,那么获得的荣誉则将会铺天盖地。当赵琦意识到了爸爸的这个暗示,就会感到浑身充满了动力,于是不再考虑其他,而是专心致志地投入功课之中,为了成功而奋斗。

这种暗示法,即为"功课好处幻想法"。让目光暂时转移,暗示他看一看攻克难题后能取得的好处,就是为了不让他一味沉迷于"功课太难"的抱怨之中。

青少年总渴望得到奖励、获得成功,而当看到这些就在不远的地方,他就会不由自主地想到:比起将来的荣誉,现在的困难又算得了什么呢?这样一来,他就能沉下心,集中精力翻越眼前的这座"大山"。

所以说在某些时候,父母暗示将注意力暂且转移,那么反而能起到更加积极的作用。

对于年幼的孩子来说,他们总容易陷入情绪化,极端且善变是他们的"通病",所以,暗示孩子幻想"成功后的快乐",他们就会迅速忘记之前的情感,投入到另一种情绪之中。抓住这个特点给予暗示,那么他就能将注意力集中学习之上。

魔力悄悄话

需要注意的是,尽管这种暗示法有独特的效果,但是父母不可过于频繁地使用,否则会感到一种疲劳感,认为这种幻想太过遥远,学习积极性再次降低。多种暗示法优势组合,这才是提高注意力的最佳方式!

八、给孩子的注意力极限加码

通常来说,青少年的注意力一般能维持在 20 分钟左右,这是由他们的年龄和认知能力所决定的。但是,有的父母却产生了疑问:为什么我的孩子却只能坚持 10 分钟甚至更少? 该不会是他有什么毛病吧?

其实,青少年的注意力处于平均值甚至更高,一方面是由先天决定的,另一方面,则是由于父母长期训练的结果。当然,这种训练并非是父母的唠叨,而是给他的注意力极限加码,让他逐渐养成一个"坐得住、沉得住"的习惯。

吃完晚饭,梁伟回到卧室做作业,谁知道还没 15 分钟,妈妈就听到了屋里传来了异样的声音。她悄悄地推开门,这才发现原来梁伟正要抱着篮球出去玩。

"梁伟,你才写了几分钟啊,就想着要出去玩!"妈妈有些生气地看着他说。

"妈妈,我实在写不动了,我刚才写得很认真,没有想其他任何的事情,感觉都已经到极限了! 要不然,我的头会很痛的!"说完,他装出一副头疼欲裂的样子。

妈妈看着他滑稽的动作,不由也笑了起来。

原本她想让孩子出去玩,可是突然意识到,儿子坚持的时间还不够 15 分钟,这样的"聚精会神",是不是太短了一点呢? 于是,她换了一个表情,严肃地说:"不行,你的注意力在书本上才不过 15 分钟,那么平常上课你不是更投入不进去了吗?"

梁伟见状,赌气地说:"哼,你要是不让我出去,那我也不学了!"

"妈妈当然让你出去啊,"妈妈没有和他置气,继续说道,"你只要再能学 1 分钟,我就让你出门!"

梁伟想了想,有点不服气,却又不知道说什么,只好回到桌子前。转眼间,他又做出了一道题,这个时候,妈妈说:"你看,你这不是注意力又集中了吗?好了,1 分钟也到了,妈妈答应你,现在去玩吧!"

这一次不经意的要求,让妈妈记在了心里。

从那以后,她每天都会要求梁伟多坐 1 分钟。渐渐地,2 分钟、3 分钟,妈妈的要求也越来越高,梁伟虽然依旧有些不满,可还是遵循了妈妈的要求。

3 个月后,梁伟终于自觉达到了 25 分钟的标准,妈妈也松了口气,不禁感慨这个方法的美妙。

妈妈让梁伟多坐 1 分钟的目的,就是要给他暗示:尽管你已经到了极限,实在不想面对课本,可是我的 1 分钟要求并不算过分,所以你只好再坚持一下吧!

当梁伟逐渐适应了这个 1 分钟,他就能继续挑战 2 分钟,久而久之,保持 25 分钟的注意力自然不在话下。

每个人的注意力都有限度,但这不等于无法提高。只要有合理的方法,那么他就能突破所谓的"极限时间"。

而对于学生来说,当他就要从学习的状态跳出来时,则是父母给他加码的黄金时间。

通过不断的训练,他们就会明白父母的苦心:原来爸爸妈妈做得没错,我的注意力能保持这么久,这可是我之前不敢想象的!

当然,父母在利用这种加码暗示法之前,首先要明白这个方法比较适合低年级的学生。

在平常生活中,父母可以观察孩子集中注意力有多长时间,当他到了要分散精力的时候,就可以说:"再做 1 分钟的事情,再坚持 1 分钟,好吗?"

此时,他们是可以忍耐的,因为他们从心里愿意让父母满意。有的可能会有些反感,但会觉得 1 分钟并非无理要求,所以也会坚持。

当他们逐渐适应了"1 分钟"后,父母可以继续加码,但注意不可幅度过大。

　　父母可以延长2分钟或者3分钟,这关键是要看孩子的耐力。每一次,父母都应记录下时间,看看他们的注意力是不是提高了。如果确实得到提高,那么则可以进行下一轮的加码暗示。

魔力悄悄话

　　需要父母特别注意的是,集中注意力的时间和同龄人相同时,那么就不要轻易再给他加码了,以免孩子变得急躁和抵触。同时,父母还要做到守信。当坚持了一定时间后,要马上允许他离开,并给他表扬和奖励。否则,他们会以为这是父母故意在刁难自己,从而不免产生抵制情绪,所有的暗示效果也就"化为乌有"了。

九、与孩子比赛

想要提高注意力,每个父母都有自己的办法,它们有的取得了积极的效果,有的却显得差强人意。难道真的没有一种方法,对提高功课注意力绝对有效吗?

其实,想让青少年提高功课的注意力很简单,只要父母能够抓住孩子的心,那么就能轻而易举地达到目标。

简单地说,青少年喜欢群居,尤其热衷于和别人比赛,这是他们的天性。可以看到,与小朋友一起玩时,从不会出现注意力分散的情况,这一点就给了父母启迪。

所以,在做功课时,父母不妨也找点自己的事情,一起比比速度和质量,那么,他的注意力势必就会集中于功课之上。

周海摊开书本已经 15 分钟,心思却不知道还在哪里,只顾坐着发呆。这个时候,爸爸走了进来说:"小海,你又开小差了吧!"

周海挠了挠头说:"对不起爸爸……"

爸爸露出了难得的笑容说:"我今天不训你,我是来和你比赛的。你看,爸爸今天也有工作要忙呢,并且难度还不小,"说着,他拍了拍手里的工作夹,"我就是想和你比比看,咱们谁能先做完,谁能一点错都没有! 你敢不敢和爸爸比啊? 输的人可要做俯卧撑!"

"那有什么不敢的!"周海顿时来了精神,"咱们这就开始!"说完,他埋下头认真学习。

爸爸见此,不由偷偷地笑了。

一个半小时后,周海抱着本子跑了出来,看了看还在写字的爸爸说:"哈哈,爸爸你败了! 我可已经做完了!"

注意力——不闻雷霆之震惊

爸爸不服气地说："速度快又怎么样？说不定你就关注速度了，里面却错字连篇呢！"

"哼，你可以检查，我要是有错字，我和你一起做俯卧撑！"说完，他把本子递给了爸爸。

爸爸检查了一遍后，故意夸张地说："哎呀，咱们家马虎大王今天能一点不出错，这可真是奇迹呢！"

爸爸的话，让周海不好意思地笑了，但是他嘴上却不肯承认："我哪有！不信咱们明天再比比看！"

就这样，周海的家里每天都在举行着这种比赛。

有时候爸爸有事，妈妈便会成为他的对手，甚至还出现过全家总动员的场景。

就这样，周海的功课注意力越来越高，即使爸爸妈妈都有事情不能"参赛"，他依旧能够保持高度的注意力。

爸爸另辟蹊径，和周海进行比赛，目的就是要让他想到：过去总是我一个人做功课，这实在太过乏味了；但是今天不同，爸爸要和我比赛，那么我一定要让他看看，我可比他厉害多了！

当周海有了这样的想法，他自然没有工夫开小差，而是将所有注意力集中于功课上。

孩子在和父母比赛时，注意力变得格外集中，这是因为，此时他的眼中，做功课已带有"游戏"的性质。而青少年又格外喜欢游戏，因此，他就不会像往常一样，任思绪飞到九霄云外。

同时，孩子还会思索：对于那些较难的题目，是不是有什么特别的方法解答，让我能更快地完成？作业已经做完，但其中会不会有笔误，导致败给父母？

这样，他不仅学会了集中注意力，同时还让大局观和细节化观察得到了锻炼。

比赛的同时，还应当记得，在适当的情况下，可以给予一定的奖励，例如，第二天带他去公园等，这样，孩子便能对这份"游戏"保持长久的新鲜感。

毕竟,"喜新厌旧"也是人一个明显的特点。只有不断的竞争加适当的奖励,才能让一个人的这份热情保持下去。

此外,父母和孩子比赛时也不要敷衍,不可总甘心扮作失败的一方,否则引起孩子的骄傲情绪,认为自己即使不必集中注意力也能胜利,那么暗示的效果就大打折扣。

魔力悄悄话

将功课转化为游戏比赛,利用青少年的心理特点进行暗示,这在各种注意力暗示法中,效果是最为明显的。倘若父母能够每天坚持,那么孩子的注意力提高又怎会遥远?

第八章

改变自己

　　培养自己注意力的可靠途径就是训练自己能在各式各样的环境条件下都专心学习或工作。一旦确定了要干的事，你就有计划有目的地集中注意力，去干好要干的事，不受其他刺激的影响和干扰。坚持无论读书学习，还是干事情，都把它们当作锻炼注意力的机会和场合，经常训练就会逐步形成良好注意的习惯。

一、明确学习目标

目标的重要性不言而喻,就跟我们的注意力需要指向一定目标一样,学习也需要目标,从而为我们的注意确定明确的目标。

目标明确的好处是,注意力是为设定的目标服务的,目标越明确,完成任务的愿望越迫切,注意力就越能集中和持久。当我们给自己设定了一个要自觉提高自己注意力和专心能力的目标时,就会发现,在非常短的时间内,集中注意力这种能力有了迅速的发展和变化。比如,你今天如果对自己有这个要求,我要在高度注意力集中的情况下,将这一讲的内容基本上一次都记忆下来。当你有了这样一个训练目标时,你的注意力本身就会高度集中,你就会排除干扰。

对于学校的学生来说,他们也经常犯目标错误。想学的科目太多,要做的事情太多,似乎想要做的目标很明确,但什么都想做的人,却不明确自己目前做什么,不明确在有限的时间内做什么,结果一堂课,翻翻数学课本,又看看语文课本,又觉得英语课文没背。每个学科都有一大堆事要做,自己时间又有限,心情焦急,不知做什么好,一节课常常不知不觉溜走了。

有的学生上自习时,先花费很多时间用于学习准备工作,如削铅笔,准备好几种笔,准备好几种漂亮的日记本、笔记本,摆弄有十来个弹簧开关的文具盒,待这些都摆弄一通之后,已没有多少时间看书了。

其实他们,缺乏的不是动力,而是学习的策略、注意力分配的策略。最要紧的是缩小学习范围,要集中注意力,明确学习目标。

因此,作为一个学生,一定要学会科学地分配自己的注意力。要做到这一点,首先在开始做事的时候就要给自己设定明确的目标,不要给自己把注意力转移到其他事情上面去的机会。

首先,不论学习或做事,给自己一个明确的目标,并要求在规定时间内完成，在很大程度上会提高自己做事的效率，因为你知道在什么时候什么情况下要有一个什么样的结果，相应就会努力很多。如果目标模糊不明确，就会一片茫然，不知道如何具体行动，或者无的放矢。所以目标必须定得恰到好处，跳一跳够得着。如果目标定得太高，容易泄气，总想着认为反正完成不了，就会马上放弃。如果目标定得太低，就没有动力。

其次，只有注意力分配得合理，同学们才能在宏观上把握自己，在各方面均衡的情况下发挥自己的优点和特长。

具体地说，第一，要有明确的学习目的。有了目标和观点，才能有正确的发展方向。对于学习来说，首先应学好中学的各门课程，这是全面发展的基础。第二，在全面发展的基础上，可根据个人的爱好和特长，重点发展某一方面的才能，对某一学科有所侧重。第三，其实细分到一堂课，一个听课环节，也存在着学习重点的问题。例如，课上听讲，要抓住重点，一边跟上老师的思路，一边记好笔记，还要积极思考和发现新的问题，这几个方面都要兼顾。

最后，要集中注意力，一节自习课前，就要想一想诸多学科，自己能做的是哪一科，科目确定了，再明确章节，再进一步确定做哪几道习题。一上课立即开始做具体练习题，这样别的学科的干扰，就挤到一边上去了。另外，学习做事时，只要不影响学习，所用的工具越简单，越能集中注意力。总而言之，我们要在学习训练中能够全面发展进步。要有一个目标，就是从现在开始我比过去善于集中注意力。不论做任何事情，一旦进入，能够迅速地不受干扰。这是非常重要的，比如，你今天如果对自己有这个要求，我要在高度注意力集中的情况下，将这一讲的内容基本上一次都记忆下来。

魔力悄悄话

当你有了一个明确的训练目标时，你的注意力本身就会高度集中，你就会排除干扰。不论做任何事情，一旦进入，能够迅速地进行积极的思考和解决发现的问题。

二、课堂培养注意力

课堂听老师授课是学生在学校学习的基本方式,也是最重要的方式。它不仅占去了学生大部分的时间,而且影响着他们的学习动力和成就感。如能重视课堂学习,注意听讲,那么不仅学习成绩会大幅提高,而且还能发展认识能力。听课需要注意力的配合,而听课本身也有益于注意力的提高。

搞好课堂学习和提高注意力应做到以下几点:

1.要对上课听讲提高认识。具体到每一节课,也要明白、认识到这堂课的重要,比如,要学什么东西,在整个知识结构中充当什么样的作用。多想这些重要性,并事先预习,能在一定程度上提高学生对课堂的兴趣和注意。

2.要认识到听老师讲课的重要性,有的学生总认为听老师讲课不如自己自学。实际上,一般说来教师都具有丰富的经验和专业知识,而且老师掌握的知识比较系统和全面。有经验的教师还能教给学生怎样去学习知识和发展自己的能力,因此,要正确对待老师的讲课。作为学生,要常提醒自己,要听好老师的讲课,向老师学习。除此之外,还要适应老师的讲课方式。

3.要想提高课堂学习效率,还应该有意追踪课堂内容和老师的思维活动,积极地进行思考。如果在听讲的时候只是被动地听,而不去积极思考,那么老师的声音慢慢就会脱离学生的思想,使其慢慢进入昏昏沉沉的混沌状态。老师的声音就变成了催眠曲,如此听讲,就如同一个漏网,老师的声音倒是一点不落地都进去了,可是又通过漏洞一点不落地溜走了,什么也没有留下。所以上课专心听讲,一边听讲,一边跟随着老师很快地思考,力求在课堂上弄懂一切,如果不能弄懂,那也要及时地跟上老师的思路,不可在一个细节上过久地纠缠不清,以至于错过了老师后面讲述的内容。疑点的解决主要靠课后的复习或向老师同学去请教。

4. 课堂上要善于分配注意力,要及时地对重点难点问题做笔记。这样一来,课堂的任务就重了很多。在看和听的同时,怎样思考,怎样及时记笔记,这就需要对有限的注意力作合理的分配。否则稍不注意就会顾此失彼。现实中我们经常见到这样的学生:他们上课很认真,笔记也一丝不苟,整整齐齐,写得不整齐了还要返工重新写。然而成绩却很不怎么样。这是为什么呢? 原因就在于,有些同学只顾一字不漏地记老师讲的内容,但没有工夫思考;有些同学只顾听,但是从来不作思考,结果是左耳朵进右耳朵出;也有的只顾着想,结果忘了老师后面讲的内容,要么就是忘了记笔记。凡此种种,其结果都会影响上课的效果。

所以有经验的同学善于转移和分配注意力,这样听讲时一边努力听讲,一边还要快速地想想,当听到重点的内容或老师在补充书上没有的内容的时候就简明扼要地记一下。这样听讲,听也听好了,该记的也记上了,而且老师讲的内容不是很重要时还能稍微休息一下,这样上课又轻松又有好结果。何乐而不为呢? 最终的结果是大大提高了课堂学习的效果,还培养了良好的注意力转移和合理分配能力。

总而言之,在学校学习中,课堂起着至关重要的作用。搞好课堂学习不仅有利于提高学习成绩,提高学生对学习和自身能力的信心,而且通过课堂学习训练也能培养良好的注意品质,从而促进注意力的发展。

除了上课之外,更重要的还有自习课。有的学生能够在自习课上把一切事情都处理完毕,下了课轻轻松松出去玩,而有的却无法完成自习的任务。除了听老师讲课可以锻炼注意力之外,在课堂上或者自习课上,还可以通过阅读来提高自己的注意力。研究和实践都告诉我们,注意力集中与否,直接影响着读书的效果。要理解书的内容,要把握书的脉络,就必须集中注意力,否则就会顾此失彼。在阅读过程中集中注意力是理解和记忆的前提条件。那种随意乱翻,心不在焉的读书是没有什么收获的。

阅读教材或有关参考资料,精读其他书籍时,要想获得好的学习效果,就必须集中注意力,而且把读书与训练注意力结合起来。许多著名的学者都很注意这方面的自我训练。

梁启超是我国近代一位大学问家。他曾经告诫他的孩子,如果想要学会读书,就要读书读到能将书平面的字句浮凸出来为止,这话让他的孩子大惑不解。若干年以后,他的一个孩子终于明白了他的意思。他说他的意思是指在读书过程中要对阅读材料有选择性地给予不同程度的注意,注意力时起时伏。那些不重要的字句游览一下就放过去了,所以就是凹陷的,而对那些重要的关键的字句,则要给予充分的重视,好像这些字句是有别于其他字句浮凸在书面上似的。这种对不同内容分配不同注意力的做法就是大师所说的浮凸。

这种有重点、有目标的读书方法很有效。因为它能提纲挈领地马上使人掌握某一篇文章的重点和关键。掌握这个读书法的一个技巧,就是训练对那些关键词句的集中注意力。事先确定一个阅读范围,阅读时,只对最重要和最关键的部分给予最集中的注意,天长日久,每读一遍文章时,你就会发现书上的重要地方真的会很明显地在读书的过程中凸显。

魔力悄悄话

注意力是影响学习效率的最重要因素之一。重视课堂学习,注意听讲,不仅可以提高学习成绩,而且还能发展认识能力。听课需要注意力的配合,而听课本身也有益于注意力的提高。

三、保持心情愉快

有很多老师讲,他们接触到的很多同学,在跟老师反映自己的学习情况的时候,总是提到一个字:累。在他们学习的过程中,他们学习的痛苦好像在增加,对于学习的快乐被强调得不够。这种累让人身心俱疲。老师家长看着都心酸。问题是,学习真的有这么累吗?

任何事物都有苦和乐两个方面,虽然说从古至今,教育上一直都讲究要刻苦学习。中国人基本上从小就接受了这样的教育,从小就知道,苏秦为了苦学头悬梁锥刺股,用身体的自我迫害的手段来学习。头悬在梁上啊,他困顿的时候,脑袋不至于低下来。但是这样就真的好吗?学习有效果吗?一个人疲倦到那个程度了,眼睛都睁不开,自己都不知道自己看的是什么了,还死熬着,坚持着,有用处没有?为什么不先睡上一觉,等自己精力充沛了再去学习?

西方的先验主义也强调个人的意志,比如饿的时候要坚持住,用自己的意志克服身体上的不适。这样,究竟有多大的必要?就算你意志很坚定,很能控制自己,又怎么样?困的时候不睡,饿的时候不吃,睡完觉、吃完饭之后不用再自己跟自己斗争了,舒舒服服地学习做事不是很好吗?为什么要自己折磨自己?而且我们国家的教育历来好像是崇尚折磨教育的,只有受折磨了才算是好样的。这一切,都应该改变。

学习中为什么要追求快乐?心情愉快有利于注意力集中。心情舒畅或联想愉快的事情能帮助注意力的集中。有些学生一想到学习的结果能考取理想的大学、能获得博士学位、能戴上博士帽,心情充满愉快,注意力就能集中。学习中就能取得很好的效果。在出去游玩的时候,虽然爬坡涉水很辛苦,但一想到它是一次难得的有意义的活动,也就不觉得苦了。所以我们在学习或者做某件事情的时候,要像注意力专家说的那样:"只要我们把注意力看成是一件愉快的事情,那么注意力增强的速度还会不快吗?"

心理愉快,情绪稳定,使我们可以控制自己的心理状态,能够集中精力,指向学习目标。心情差的时候,注意力根本无法集中。因为你本来要学习的,可是全神贯注在一件令人郁闷痛苦的事情上,你就不可能投入到学习中去。愉快可以让人做事的时候毫无牵挂,集中注意力,而沮丧则相反。

所以同学们在学习之前,要先把自己的心神安定下来。有人说"只要能静下心来,就等于集中了一半的精力。"那么如何才能使心安静下来,安心地学习工作呢?

1. 善于排除内心的干扰。这里所说的不是外部环境的干扰,而是内心的干扰。把自己的烦心事尽可能排除出大脑。

2. 我们可以采取深呼吸法。具体做法是坐好,轻轻闭上眼睛,慢慢地呼气,吐气的速度越慢越好,然后慢慢地吸气。如此重复,你的心情就会平静下来,就能把与学习无关的杂念赶出脑海,干扰一旦被排除,你就能全神贯注地去学习了。

3. 报酬原理。什么是报酬原理呢?比如,在学习的过程中,在感觉疲劳的时候,往往会有"想听一会音乐""想看一会球赛""想打一个电话"等欲望或诱惑。这些显然都起着分散注意力的作用。传统的做法可能是,运用意志来克服自己的这种想法。古板的教育者可能会说,不能由着自己来,不能想干什么就干什么,想听音乐就偏不听,以后自己就没有这种毛病了。

但是现代的理念就完全不同。有些同学干脆不去排除这种欲望,反倒利用这种欲望来增强自己的注意力。他们给自己预定,如果写完了日记,就可以让自己"听一会音乐"。如果算完了10道数学题,就可以"看一会球赛"。如果在一小时内做完一套化学竞赛题,就可以"打一个电话"。

把这些影响注意力的因素,巧妙地利用,使其成为高效学习的欲望,按时完成任务则可以满足这些欲望,获得报酬。否则,不准做任何事情,不给任何报酬。订了这些短时间计划,便严格执行。

结果,为了尽快满足欲望,收取报酬,这些平时爱溜号的人,竟能比过去更容易地集中注意力,很快达到了预定的学习目标。

这种在心情愉快的前提下努力集中注意力的方法与呆板地死啃书本的学习方法比较起来,更容易培养人的兴趣,更容易形成无意集中,也就是说集中注意力所需要作出的努力更少。也因为人在心情愉快的时候大脑放松,更容易在大脑中留下印记,因此,学习效率更高,记忆更能保持长久,理解也比平时敏捷。

魔力悄悄话

培养乐观向上的心态。有了良好的心态,就能平静对待困难和挫折,抵抗各种干扰,专心学习或做事,提高我们的学习效率。人在心情愉快的时候大脑放松,一些事情更容易在大脑中留下印记。

四、自信让你更专注

避免注意力分散还有一个有效的方法是学会不想自己。这个方法特别适用于一些总是为一些小事谴责自己，觉得自己做得不对，会遭人耻笑的人。这样的人总是会为一点点的小事左思右想，经常为我今天穿的衣服不漂亮，我今天脸上长了一个痘别人不喜欢我，等等，诸如此类的事情搅得寝食难安。其实这样的人无形中就犯了一个毛病：常常以为自己是被注意的中心，常常觉得别人都在注意自己，而且一般来说还不是赞扬的那种，而是带有批判眼光的被注意。而实际上，其他人压根就没注意到他们的不同。他们的问题就出在不自觉地把注意力指向自己。其实这种过度抬高别人对自己的注意的做法，多半是或完全是自己的臆想，结果把自己整得很难受，别人也觉得莫名其妙。

这其实是个很大的误区，每个人都有自己的事情，都有自己的任务，就学生来说，也是每个同学都有自己的学习任务，都有自己的兴趣点，都有着自己要做的事。根本不可能像自己那样时刻注意着别人的一言一行。很多时候是我们自己把自己想得太重要，就觉得别人都在注意自己，实际上根本不是这样。每个人的思维和注意力的方向都是不相同的，就算你出丑的时候别人看到了，可是没准别人当时心里想着别的事，压根没注意到呢。就算注意到了，每个人想法观点不同，未必就认为你出丑了呢。再说了即使众人注意你也没有什么可怕的，谁没有出错的时候，人无完人。

有的学者说"自我的感觉是臆想的一种形式。别人并不像你想象的那样都在注视着你。每个人都在忙自己的事情。记得这一点，你在他们面前便不会感觉不舒服了。"如果听任这种自我的感觉一直发展下去，形成两种极端的时候，就会严重影响大家的学习工作。

1. 自我怀疑和自卑感。在心理学中，自卑属于性格上的一个缺陷。自卑,即一个人对自己的能力、品质等作出偏低的评价,总觉得自己不如人,悲观失望、丧失信心等。就是感觉自己在某些方面不如别人,从而表现出社会交往时的一种羞怯不自在的苦恼心理。这种苦恼会极大地转移人的注意力,而且日渐敏感,对自己的注意力就越多,越多的注意力更增强自卑感,对人的注意力产生严重的影响。导致自卑心理的原因很复杂,有的人自卑心理的诱因是思想认识方面的,如对自己的期望不高,或者相反,期望过高,不切实际。

既然自卑极大地占据着我们的注意力,那么要想改善注意力,就需要调整自己的心理状态。改变自卑的症状其实是可以的,我们要一开始就不断刺激,然后是惯性思维不断加重。只要认识了自卑的根源,并反复地扭转不良惯性思维,使之形成良性惯性思维就可以了。

2.感觉自己与众不同,形成自恋心态。这种类型的心理也容易导致人把自己的注意力过度地转移到自己身上来,从而对注意力形成极大的干扰。自我认可的、自我欣赏程度和自我关注以及虚拟中的别人对自己关注比自身实际情况差得太大的就叫"自恋"。因为自恋会极大地占据人的注意力,扭曲人的正常注意力,因此,要想改善注意力,也要改变这种心理状态。

总的来说,人的注意力与人格的方方面面都有关系,要想形成正常的心理和良好的注意力,无论是自卑还是自恋都是必须要避免的。青少年一旦产生了自恋心态,一般不容易纠正。所以对青少年从小教育培养,应以预防为主,对他们适度的爱护和合理的教养。

过度消极自卑和过分自恋都是不可取的。我们要取长补短,培养我们的自信心。自信作为一种心理素质不可能写在每个人的脸上,不是说一看就知道是自信还是不自信的。

要知道一个人是否自信,必须通过对其一贯的行为表现进行观察才能做出判断,自信行为的表现特征有以下几点:

1.能明确表达自己的感受。例如,敢于拒绝他人过分的请求,争取自己的权利,表达自己的愤怒,要求搅扰自己的人改变他们的行为。

2.敢于表达自己。敢于表达不同的意见,不迷信权威,不人云亦云,承认自己与他人在观点上存在差异。

3.能够承担责任,敢于面对自己的过失。承认自己犯了错误,虚心接受批评,谦逊好学,能够不耻下问。

4.不嫉妒别人,和大家友好相处。能够发现别人的优点或成就,善于表扬他人,也能坦然接受他人的赞扬。

这些虽然不能准确地判断出一个人的性格以及内心活动,但基本上可以对一个人的自信状况做出评定。大家可以参照以上标准,如果与自己的情况很符合就说明自己是个自信的人;如果有一点不符就说明不够自信;如果有更多甚至完全不符就说明自信水平非常低。发现自己不够自信或自信水平很低,这就需要大家注意了。我们可以通过一些训练来提高我们的自信心。第一,在一周的时间里,自己做几件比较漂亮的小事,并尝试自己表扬自己。(通过这个小小的练习,会使你增加乐观与自信,以积极的心态去面对身边的每一件事情。)第二,在做好一件事情的基础上,回忆自己为完成这项工作所付出的心血。赞扬自己,告诉自己,你是一个英雄,完成了了不起的工作,充分发挥了自己的能力,等等。(这样你就会感到骄傲和自豪。)第三,寻找你可以做的、合理和可接受的情况的事情。在完成事情的过程中锻炼自己。(这样你就可以改变现状,取得更大的进步。)可以在以后的时间里把这些训练重新多做几次,巩固以前所做的成效,努力养成避免消极自谈的习惯。每个人都有自己的缺点,也都有自己的长处。我们不要过于自卑和自恋。作为学生,他们生活在学校和社会中,既需要通过学习来了解自己的不足和长处,也需要通过这种了解来改正自己的心理问题,这样既有利于学习,也有利于注意力的提高。因为没有那么多心理问题来分散注意力了,注意力自然就会比较集中。

魔力悄悄话

青少年在生活和学习中不要过于自卑和自恋。应该通过学习来了解自己的不足和长处,也需要通过这种了解来改正自己的心理问题,这样既有利于学习,也有利于注意力的提高。

五、营造安静的环境

孟母三迁的故事家喻户晓，讲述的就是环境的重要性。

孟子是我国著名的思想家、教育家。他3岁丧父，由母亲抚养长大。孟母非常重视对孟子的教育。

最初孟家附近有一块墓地，送葬的队伍经常从他家门前走过。孟子常常抛下书本跑去观看，还模仿队伍中吹鼓手和妇女啼哭的样子，甚至还到墓地上玩死人下葬的游戏。孟母很忧虑，认为不利于孟子读书，便把家迁到了城里。

到了城里之后，因为他家处于闹市中，打铁声、杀猪声、叫卖声终日不断，听着听着，他就读不下去了。后来，孟子就和邻居家的孩子玩起了做买卖的游戏。

孟母觉得这个地方很难让孟子集中心思读书，便再次搬迁到城东的学宫对面居住。学宫那里的环境很好，书声琅琅，读书的氛围很浓。孟子很快安下心来读书。

这个故事说明，环境对学习的重要性不言而喻，没有一个安静的环境，思维无法集中，想到这个问题的时候别人打个岔，你忘了，好不容易再次集中起来的时候再来一阵吆喝声，思路又被打断。这样子是不行的。

在我们的日常生活里，也有许多人像孟母一样，为了自己的儿女有个好的学习环境，不知道搬了几次家，不过，作为学生，要一心想学的话，应该尽量为自己寻找安静的空间，自己为自己创造条件。好环境也是自己创造出来的。

这个方法，非常简单，在家中学习的时候，无论是写作业还是复习功课,都要将书桌上包括书房里与学习无关的东西全部拿走。而且要尽量收拾整洁,这样在学习过程中,偶尔抬头的时候就不会被各种物品影响心情,分散注意力。这种做法是训练注意力的初级阶段。

初级阶段,因为注意力集中还没有达到一定的水平,因此,需要借助外界环境来帮助自己集中。不然的话,可以想象,坐在书桌前面,稍有困倦的时候,一抬头,看见一本杂志,于是拿起来翻一翻,结果一看入了迷,学习就忘了。这儿有一张报纸,随便看了一眼,结果发现内容还挺感兴趣的,那先看完再说吧。或者写字的时候书桌乱七八糟,一会儿碰到这个东西,一会儿那个东西又影响了,很快注意力就会被分散。于是就看起来,完全忘了原来自己是要做数学题的。或者本来你是要学习的,桌子一角的小电视还开着呢,随便瞄一眼,瞄一眼完了再瞄第二眼,看着看着就进入电视中了。这是完全可能的。甚至可能是一张小纸片,上面写着什么字,看着看着又想起一件事情。

所以,在最初对不甚集中的注意力进行训练的时候,做一件事情之前,首先要清理环境,把一切可能会导致注意力分散的东西都移走。然后,使自己迅速进入主题。久而久之,进入主题所需要的时间就会越来越短,注意力就会越来越好。

反之,如果你坐在那里,10 分钟之内脑袋瓜里还是车水马龙,东扯西想,天马行空,那么这 10 分钟就被浪费掉了。再过 10 分钟,又想起来另外一件事情,然后再想到其他事情,然后一件接一件地串联起来,10 分钟,20 分钟,一个小时就都会这样过去了。

此外,自己居住的环境里面如果有人大声喧哗的话,最直接的做法就是去和他们说,告诉他们不要说话了。这样如果可行的话也不失为一种好办法。但是上面这个办法,有时可能不好使,因为你不能管住所有人,而且一旦言语不和吵起架来什么的,反而更加分散注意力。所以你最好就是去适应这种环境。

你试着能在嘈杂的环境中去学习,心能平静下来,能专注下来就最好。你可以在饭堂或者听着音乐去专注地写一样东西。这样久了就别说那种小声音,大声音你也不怕。毛主席不就是为了训练自己的注意力专门到闹市中去学习吗?

注意力——不闻雷霆之震惊

如果说收拾书桌是为了收拾出一个安静的不受打扰的环境,那么接下来的一步就是清理自己的大脑,把大脑中与目前要做的事情无关的所有思绪都清理掉。这样看来,我们的大脑就像是一个屏幕,要想清理清楚,就要经常清理自己的桌面。收拾干净之后,大脑里就像清理过的电脑桌面,看过去的时候一目了然,也没有什么可以引起注意力分散的东西了。

魔力悄悄话

环境对学习的重要性不言而喻,没有一个安静的环境,思维无法集中,青少年在学习中应该尽量为自己寻找安静的空间,自己为自己创造条件。好环境也是自己创造出来的。

六、饮食调节注意力

注意力与人的大脑密切相关。虽然人的大脑只占总体重的2%，但它要用掉总能量的20%。如果大脑接受的只是低能量食物，它就会运行不力；如果营养均衡,合理地调节饮食,供给高能量食物,大脑就能流畅、高效的工作。因此,知道供给大脑正确的"大脑食物",是提高学习能力的起始步骤之一。

所以,身体的好坏对注意力很关键。一般来说,良好的注意力需要充足的营养、休息和睡眠。

首先,学习前不要吃大餐。吃得太饱容易使人产生惰性,俗话说:"一饱百不思"就是这个意思。一般吃到七八成饱就可以了,在感到饥饿的时候可以加餐。

其次,上午是人们一天活动的开始。我们一般都说"早餐吃好,午餐吃饱,晚餐吃少。"这是很有道理的。上午一般活动量最大,大脑慢慢从睡眠中清醒过来。所以早餐一定要吃好。要尽量供应富含蛋白质的食物,不要过于油腻,不要太咸。

一般来说,含有丰富淀粉的食物在早餐时应该避免,因为淀粉在人体中消化后会产生大量二氧化碳,大脑中二氧化碳多了,氧气就相应减少,人就会昏昏欲睡。更谈不上注意力集中的问题了。因此,早餐可以避免或者少吃面包一类的食物。

午餐是一天中承上启下的一顿饭。在教室里坐了整整一上午,学生的肚子开始咕咕作响了。因此中午饭菜要丰盛,量要足,一定要让他们吃饱喝足。另外也要不断变换食物的品种花样,增强他们的食欲。吃饱吃好了,在下午的学习中就比较有精神。

晚餐要吃少。晚餐不需要太丰盛,应以谷类食物和蔬菜为主,最好多一些汤或者粥之类。口味要清淡易于消化，不要过于油腻或者过辣过咸，免得刺激得好久无法恢复。再则，吃太饱不容易消化影响睡眠。晚餐后休息一会可以适当吃些水果，增加维生素的吸收。

另外，一日三餐吃完饭后不要马上就开始学习，一般情况下吃完饭后要休息一会，以便胃肠里的食物能够充分消化。再则，立刻开始学习，效果也不好，身体里的血液要用来消化食物，大脑供血就不足够。

总的来说，每餐都不要吃得太饱，如果每餐都吃得过饱，身体的消化系统就要超负荷工作。这样久而久之，就容易产生胃胀，胃痛，致使血液过久地积存于胃肠道，从而导致大脑缺血缺氧，继而造成脑细胞发育不良，降低智商。

据科学家研究，大脑中有一种叫纤维芽的细胞，人体如果经常饱食，那么就会诱发这种细胞中的生长因子里面的蛋白质大量分泌，从而使血管细胞增殖、管腔狭窄、供血能力削弱、加重脑缺氧。而这种伤脑物质的分泌，目前尚无有效药物抑制，只有靠适当减少食量来预防。吃得太饱对注意力的影响在于，大量占用了本来该流往脑部的血液，致使大脑供氧不足，引起注意力下降。

在校学生学习紧张，要进行紧张的脑力劳动，所以身体能量消耗很快，要及时补充营养。但是要注意这并不是说要大吃大喝，比如有的家长为了给孩子补充营养，天天顿顿都是大鱼大肉唱主角。这反而会分散注意力。总的来说，合理的饮食选择上应本着高糖、高蛋白、低脂肪的原则。这是因为大脑在工作时，大脑消耗的能量主要是糖类，血糖水平低，大脑的工作效率也高不了。

脑力活动还需要大量的蛋白质，蛋白质能直接参加大脑的活动。关于脂肪，因学生大部分时间是坐在书桌前，很少运动，能量消耗不掉就会积蓄，造成肥胖。

综上所述，学生学习压力大，无法集中注意力的时候，家长可以合理地参照各种食物的营养成分对他们的饮食进行调理，从而达到最佳效果。

还有些特殊情况，也需要饮食来调理。比如有的学生由于过于紧张，信心不足，会导致心理上失去平衡，大脑负担加重，食欲不振，这必然给学习带来影响。

针对这种情况,家长在先帮助孩子处理好各种心理矛盾,提高学习效率的基础上,可以在饮食上加以调整。在饮食上要注重色、香、味、形和营养搭配。菜肴应当清淡爽口,色泽鲜艳,并可适当选择具有酸味和辛香的调料,比如,食醋,可以刺激胃液分泌,以便增强食欲。

魔力悄悄话

只有通过合理的饮食,科学地进行食物搭配,才能使我们的身体随时处于健康的状态,使我们能保持旺盛的精力。因此,知道供给大脑正确的"大脑食物",是提高学习能力的起始步骤之一。对于我们保持注意力,学好文化知识起着重要的作用。

七、注意力训练法

注意力训练有很多方法,这里简单介绍几种。

1. 干扰性训练法。注意力不佳往往是主体抗干扰能力较差的结果,为此,可以用有意识地在外界干扰环境下学习的方法来进行训练,比如,放电台的节目、看电视等,或者可以模仿毛主席的做法,定时地在家附近的闹市学习一会儿。在这种环境下阅读课文,进行定量作业练习。干扰学习的音量、持续时间、训练次数的安排以及学习材料的内容应遵循从小到大、从短到长、从少到多、从易到难的原则。久而久之,一个人可能对这些原本干扰自己学习的声音就会熟视无睹,不再有反应。

2. 圈数训练法。圈数字训练,是指从一组数字中用圆圈圈起某一指定数字,通过由浅入深的多次练习,借以提高注意力。其中一种可以是这个样子的,比如,家长精心设计一组数字,在这几十个数字中,设置几组连续的数字。然后随意杂乱排列,再在规定的时间内从这里面找出一组比如三个或者四个连续的数字出来,如果能在30秒之内找出来就说明注意力不错,等等。

3. 静视法。在房间里或屋外找一样东西,比如表、自来水笔、台灯、一把椅子或一棵花草,保持一定距离,平视前方,自然眨眼,集中注意力注视这一件物体。保持1～15分钟,在默数的同时,要专心致志地仔细观察。闭上眼睛,努力在脑海中勾勒出该物体的形象,应尽可能地加以详细描述,最好用文字将其特征描述出来。然后重复细看一遍,如果有错,加以补充。

在训练熟练后,家长可以逐渐转到更复杂的物体上,让孩子观察周围事物的特征,然后闭眼回想。重复几次,直到每个细节都看到。可以观察街上人们穿的衣服的颜色、植物的形状、人们的姿势和动作、天空阴云的形状和颜色等。观察的要点是,不断改变目光的焦点,尽可能多地记住完整物体不同部分的特征,记得越多越好。完了之后可以找一支笔把自己想到的写下来。然后对照实物,校正实物与心灵印象上的不同,然后再闭再睁,直到完全相同为止。

在上述训练做完之后,可以让孩子再去观察名画,可以是模仿,也可以是用文字表述细节。必须把自己的描述与原物加以对照,力求做到描写细微、精致。这样,不仅可以改善观察力、注意力,而且可以提高记忆力和创造力。因为在一个人制作新的心中形象的过程中,他就吸收使用了大量清晰的视觉信息,并且把它储藏在自己的大脑中。

4.行视法。边走边看以中等速度穿过房间、教室、办公室,或者绕着房间走一圈,迅速留意尽可能多的物体。回想,把所看到的尽可能详细地说出来,最好写出来,然后对照补充。在日常生活中,时时刻刻都可以进行这样的训练,让眼睛像闪电一样看。这件事其实需要自己去做,家长起一个督察的作用。可以在眨眼的工夫,即 1 ~ 4 秒之间,去看眼前的物品,然后回想其种类和位置;看马路上疾驶的汽车牌号,然后回想其字母、号码;迅速瞥见一张陌生的面孔,然后闭目回想其特征;看一眼路边的树、楼,然后回想有多少棵树,楼房有多少层。所谓"心明眼亮",这样不仅可以有效锻炼视觉的灵敏度,锻炼视觉和大脑在瞬间强烈的注意力,提高瞬时记忆力,而且可以使一个人从内到外更加聪慧。

5.抛视法。武侠上有一招叫天女散花,这里天女散花也可以用来培养注意力。这种做法,可以根据实际情况取十几块积木或者几十颗各种颜色的珠子。可以是积木、玻璃珠、卡片等。将它们完全混合在一起,放在盆里。用两手迅速抓起两把,然后在另一个大盆里放手,当它们全部落下后,迅速看一眼这些落下的物体,然后转过身不再看,凭着记忆将每种颜色的珠子的数目写下来。然后再去数一下验证自己的记忆是否正确。重复这一练习10天。

6.闹市法。这种做法是,到喧闹的街头去,在嘈杂的街头努力去捕捉其中的一种声音,全神贯注去跟踪这种声音,然后天长日久,慢慢地自己的注意力就会越来越在一种事物上集中。毛泽东就曾经做过这样的尝试。进行这种训练,大脑会自动排除那些你不想听到的噪声,这是一种能使脑子冷静下来的训练。

训练良好的听力。"听"是人们获得信息、丰富知识的重要来源,会听讲对学生来说非常重要,因为学生在学校里的学习主要就是通过听力来完成的。父母可以让孩子听音乐、听小说,鼓励他们用自己的话描述所听到的内容,从而培养他们专心听讲的好习惯。

7. 梦想法。如果一个人常常被焦虑或者白日梦打断,试试引导专门设定一个时间用来发愁和做梦。研究表明,如果专门用一段时间来发呆,发呆的时间会在四周内减少35%。这种方法自主性较强,一般适用于稍大些的学生。

所有的这些训练方法,可以自己去做,或者在家长的协助下去做,只要能坚持训练,那么注意力一定能有所提高。

魔力悄悄话

在进行注意力的训练时,家长可以逐渐转到更复杂的物体上,让孩子观察周围事物的特征,然后闭眼回想。重复几次,直到每个细节都看到,这样能慢慢有效提高注意力。

八、凝视法

记得曾经有一位获得较大成就的科学家说,他读书之前,或在思考问题时,喜欢双眼盯着窗外的松树枝,目不转睛地望着,望着,盯着,盯着,意识就渐渐模糊,全神贯注在自己要思考的问题上面了。这样做总能让自己很快地就精神集中起来,不自觉进入了学习的遐想。这种方法称之为凝视法,对读书或思考问题很有帮助。

再详细一点,什么是凝视法呢?把眼神聚焦一点,看小东西或者远方,盯着某一个东西不动,称之为"凝视法"。随着凝视,意识会逐渐缩小到狭窄的范围内,使精神凝聚和高昂。

德国著名的哲学家根特先生在读书时就经常使用凝视法。根据根特先生的说法,他的做法是,读书前,或者在书房里深思冥想问题时,他必定是透过窗户凝视着远方屋顶上的一个随风摆动的风向标箭头,他一边盯着风向标的转动,一边下意识地沉浸于深深的思考之中。根特先生曾说这种方法大大帮助了他,哲学中的许多理论就是这样思考出来的。

其实这种方法没什么奇特的,我们日常生活中可能就有这样的体会。当两眼凝视着某一点时,一边对着视点出神,一边思考着所要解决的问题,或者思考已读过的内容,好像无形之中,注意力就集中在一起,促进了思考的深度。

希望同学们也能像这些名家那样,首先,从身边的小东西挑选一样,如钢笔或橡皮等,一旦觉得厌烦时,马上闭上眼睛,在脑海中回想刚才见过的东西,并且要从各个方面去描写。结束以后,变换另一种。这种方法可随时随地训练。

除了这些之外,还可以更简单地进行操作。当你一坐在书桌前,就习惯地把面前某一件东西作为注意的靶子,例如,屋外的天线、树枝、电线杆,或书桌上的台灯开关、铅笔、台笔、自己的手指等。然后用双眼凝视着它,并经常做这种练习,定会有好的作用。

还有一种方法是凝视鼻尖法。在舒适的椅子上以放松的姿态坐定。脊柱挺直,两眼球聚焦于鼻尖。刚开始可能看自己的鼻尖看得比较清楚,后来你就会发现意识渐渐模糊,进入一种深思的氛围中了。其实,就算无法进入深层思考中,这种方法,也能使自己保持一定的姿势不动,使自己全神贯注于一件事物上,对注意力的培养和训练是比较有好处的。这种方法,如果短时间练习的话,可以采取内悬息(吸气不呼)或外悬息(呼气不吸)的方式;如果时间较长,则应采取自然呼吸。

还有一种是练习气功者用的凝视法,对于注意力的培养也很有好处。

1. 首先找一张视力测试表。

2. 然后,坐好,调整一下呼吸,尽量让自己的心静下来,保持最佳的放松状态。

3. 开始凝视最上面的符号,注意放松。在这个过程中不断暗示自己符号变大了,且清晰入目。

4. 凝视这些符号,呼吸要尽量放松,尽量把不眨眼睛的时间延长。当然不要累了眼睛,感觉到累的时候就停止,总之,一切要随意。

5. 练到眼睛能很长时间一眨不眨地凝视这个符号时,就换小一些的继续训练。

魔力悄悄话

凝视某一事物,能使自己全神贯注于一件事物上,对注意力的培养和训练是比较有好处的。慢慢你就会发现意识渐渐模糊,进入一种深思的氛围中了,其实也就是进入深层思考中了。

九、冥想法

有一位老师说,在教书的时候,总会碰到学生问各种各样的问题。比如快期末考试了,总会有学生过来问:"这些天,我明知学习任务紧,复习量大,时间也不多了,可就是静不下心来,注意力没办法集中,一开始看书就走神,以至于复习效率很低,怎么办呢?"

实际上,相信很多读书过来的家长、学校里的老师都有这种体会,临近各种考试,尤其是稍微重要的一些考试之前,学生心浮气躁、精神涣散,难以集中注意力复习,这可以说是一种常见现象。你只要去即将参加高考的教室里去看一看就知道了。高考重要,每个人都知道,时间也所剩无几,可以说是火烧到眉毛了,可是这个时候偏偏是注意力最无法集中的时候,教室里一片混乱,大家面带焦急却很少有人全神贯注地在看书。

心态浮躁涣散,若不及时收拢,常常愈演愈烈,形成心理习惯,弄得人心烦意乱,就更不好收拾了。

怎么办? 最好在浮躁之初就控制住它,怎么控制? 冥想是一种好办法。经常冥想静坐能减轻生活的压力,增强身体抵御疾病的能力,缓解精神紧张,并对呼吸道、头痛、胃痛、神经系统等疾病有很好的改善作用。

静坐冥想我们在小说中和电视上经常见到,和尚们的坐禅,也是这样的一种方法。久坐之下,全神贯注于自己的思想,排除掉了一切其他的事物。这不难学会,既不需要像和尚那样念念有词,也用不着手持念珠等,更用不着守丹田或者打莲花坐。只需要闭目静坐,或长时间凝视某种东西而陷入思索中。这都是冥想法。

因此,在学习累了的时候,或是临考前,或遇到不顺心的事而心情烦躁的时候,不妨尝试一下这种方法。找一个舒服的位置坐好,全身放松,微闭双目,冥想以一种能让自己安静的事物为对象,静静地陷入沉思。从沉思中醒来,你必然会发现自己原来为之烦恼的事情已经不见踪影。

另外,在冥想的时候也可以试着把周围的声音和冥想结合起来。如感受自己的心跳,感受自己的脉搏,或者仔细聆听钟表嘀嗒嘀嗒的声音。你还可以一边感受,一边把自己的脉搏次数记下来,到了一定时间,睁开双眼,你会觉得心情异常平静,注意力特集中。

这样冥想一次两三分钟,久练下来,你就会发现自己控制精神涣散的能力越来越强。自我调适能力也变强了。经常这样训练,形成习惯,注意力会越来越好。

放松冥想的要领。

1.放松冥想的过程中,必须抛开一切事务,集中精神,然后利用想象力来放松自己。

2.冥想一般是连续10分钟至两三个小时的打坐。其首要注意的是坐姿正确,什么也不想,只关注呼吸的运动,有研究证明可以双手合十,这样可以帮助自己去除杂念。冥想时要学会用肚腹呼吸,吸气时腹部胀起,呼气时腹部收缩。

3.冥想时最好穿着松软的衫裤,因为任何紧束的服饰都会令你在冥想时感到不舒服。静坐时,以自我暗示的方式令自己全身放松。

4.开始时最好每天练习10分钟至一小时,不过专家说,即使只练习几分钟也有好处。

魔力悄悄话

其实,冥想和瑜伽类似,都是通过静坐的方式来清除杂念,梳理思绪,从而达到身心祥和之境。久练下来,你就会发现自己控制精神涣散的能力越来越强。自我调适能力也变强了,注意力也会越来越好。

十、口中嚼嚼状态佳

咀嚼口香糖可以防止蛀牙以及保持口气清新。可你是否知道,嚼口香糖还可以帮助集中注意力? 国外一项最新的心理学研究表明,咀嚼口香糖可以提高人的注意力。

注意力是青少年智力成长的基本因素,但我国青少年的注意力状况却不容乐观。

不久前发布的《中国学生注意力状况调查报告》显示,接受调查的学生中有一半多的自认为自己上课能够集中注意力,而仅仅有 40% 的认为自己上课的时候能坚持集中注意力 30 分钟以上;然后在全部受访人中认为注意力不集中影响到了自己的学习效率和学习成绩的超过九成。这些学生都期待着注意力方法的指导。

针对这种情况,中国心理学会科普委员会教授认为,提高注意力,除了传统上学者专家所说的明确动机、互动学习、改善环境、适度运动之外,要想在极短时间内有效地做好一件特定的事情,还可以考虑提高注意力的另一种有益尝试——咀嚼。

研究表明,咀嚼可增加输往脑部的血流量,从而增加脑部血红细胞的载氧量,保持大脑神经细胞的活动。对此,梅教授这样解释,现在随着生活水平的提高,人们的饮食比以往精细多了,因为饮食精细带来的咀嚼不足问题渐渐突出。

咀嚼口香糖可以有效解决这一问题。通过增加流往脑部的血流量,可以有效提高做事效率,包括提高注意力。

关于这一点,在美国,一些学校已经开始在考试前给学生派发口香糖,以减轻压力,提高学习和备考的注意力。

咀嚼真的可以提高注意力吗? 对此,北京大学心理学系一位教授证实了这一点。他利用功能性磁共振扫描发现咀嚼口香糖增强了某些脑区的活动,脑成像显示咀嚼的确能够显著提高这些脑区的血流量和供氧水平。在此基础上,记忆和注意力均有所提高。

经过分析之后学者普遍认为,咀嚼与记忆、注意等这些认知活动共同使用了脑内的一些重要区域(如丘脑、脑岛等),也许正是它们相互关联的神经基础。

随后,更进一步地,北京师范大学心理学院于 2007 年组织了一项关于咀嚼口香糖和注意力的实验,这项实验随机选取了 230 名大学生进行测试。

在实验中,他按照有无嚼口香糖习惯和在实验过程中是否嚼口香糖将他们分成四个小组:习惯实验组(指那些有嚼口香糖习惯,在实验中嚼口香糖的学生),习惯控制组(指有嚼口香糖习惯,在实验中不嚼口香糖的学生),无习惯实验组(指无嚼口香糖习惯,在实验中嚼口香糖的学生)和无习惯控制组(指无嚼口香糖习惯,在实验中不嚼口香糖的学生)。

分组之后他对他们分别进行两项注意任务的测试。在计算机上针对连续出现的或者一些特定的字母按相应的键,最后用仪器测定这些人的反应时间。

在做完实验之后,他对这些参与实验者在实验中作出正确反应及反应所用时间做了详细的分析。作出正确反应越多,反应时间越短,表明注意力越集中。两项实验统计结果表明,在测试过程中有咀嚼口香糖的被试者在进行两项注意力任务测试的时候,作出正确反应所用时间明显短于没有嚼口香糖的被试者,而有嚼口香糖习惯的被试者在实验中作出正确反应的时间最短(反应最快,注意力最集中)。咀嚼口香糖对完成需要集中注意力的任务有积极影响;有嚼口香糖习惯的人,更容易集中注意力,克服干扰,出色地完成任务。

除了咀嚼口香糖之外,专家还发现吃零食也有一定的功效。"如果你正在赶着去参加一个冗长无聊的会议,那么,喝一杯水或者吃一点苹果、蛋糕之类的零食吧。"有专家如是说。"类似苹果、蛋糕这样的事物,碳水化合物、脂肪和蛋白质结构平衡,会补充身体所需的水分,同时保持你的血糖水平,帮助集中注意力。"同时这位专家也指出,匆匆呷两口浓缩咖啡也是不错的选择。"咖啡因会提高你的肾上腺素水平,刺激注意力在短时间内迅速集中。"但是当心,过量的咖啡会产生神经过敏,从而减弱你的注意力。

不过需要注意的是,如果注意力减退是由于压力和生气引起的,吃零食可能就没那么奏效了。

魔力悄悄话

青少年正是上学的时间段,如果想要自己帮助自己在备考时或者在考试时能够保持更好的注意力,可以尝试一下咀嚼这种省时省力的方法。

第九章
独立自主提升注意力

　　青少年独立能力的培养不仅仅是为了培养注意力着想。要培养独立能力，也有很多途径，日常小事一点一滴的注意才是根本，没有人会一下子突然学会自立。

　　为此，可以从培养处理自己的事情，为自己制定合理作息制度，保持个人卫生，收拾房间，合理摆放学习用品等。学会了这些，只要不是出现病症，那么几乎就可以自己应付自己的注意力问题了。

一、自己事自己做

当今社会,很多人都已经十几岁了,自己的衣服、袜子、鞋子都不是自己洗的,而是妈妈洗的,甚至自己到 22 岁时都不是自己亲手洗的,大部分都是靠自己的母亲。

随着慢慢成长,再小的孩子也能承担一定的小小的责任。承担一定的责任,这在成长过程中是至关重要的。不但有益于培养一个人独立的能力,还能促使全神贯注地完成自己要做的事情。

不过,尝试承担责任,有几点需要注意。

第一,交给他的任务应该是他力所能及的。他一旦完成了任务,即使完成得不理想,家长也要给予承认和表扬。这样对他继续做事的积极性有很大帮助。

第二,学生首要的任务是学习,因此,家长可以尝试在学习方面慢慢放开手脚,让他自己去把握自己的事情。因此,家长注意要避免养成孩子要求陪读的习惯。学习应该是一个人独自去面对的事情。家长只需要在必要的时候提供帮助即可。这样做一方面是为了避免家长时断时续的语言和行为分散他的注意力。另一方面也为了避免孩子对家长产生依赖。

第三,家长不要过于关心,以致分散孩子的注意力。一会儿问他渴不渴,一会儿问他饿不饿,一会儿又问累不累,一会儿又问写了多少,一会儿再跑去问问难不难,再过一会儿又跑过去关照要保持距离、注意保护眼睛,一会儿又给他拿来一件衣服说别受凉了。如此这般,既分散了孩子的注意力,又弄得孩子心烦意乱,哪里还能专心学习呢?

第四,要提高责任心和感恩意识。这也是培养责任感的一种方式。家长要让孩子明白,学习是为了自己,是自己的事情,受益的也是他自己,所以必须有责任感,自己的事情自己做。不要什么都包办。家长也需要让孩子明白,父母做的一切很辛苦,让责任心和感恩心成为学习的欲望。有了动力,就能专心学习。

自己的事情自己做对一个人的注意力培养有什么用? 一个重要的作用就是培养独立能力和责任感,培养自己处理事情的能力,能够在遇到挫折时努力,在出错的时候承担责任,也因此,做事的时候要小心谨慎,不推卸责任。

一个人如果能自己处理自己的事情,他就会有一种责任意识。注意力方面的很多问题也会跟着解决。比如说,一个人经常丢三落四、粗心大意,如果你能坚持让他自己做自己的事情,他没了依靠,丢了东西得自己找回,找不回就没有了。钥匙丢了就让他等一会儿,去上学书包忘带了自己回家拿,迟到了自己受老师责罚,等等,为什么很多粗心大意的人都说丢一件东西自己的记忆就会在一段时间内记住事? 因为要承担后果。后果比较严重,他就会记着点。

比如有个家长就这样教育孩子:一天,5岁的小朋友回家告诉妈妈滑板玩丢了,让妈妈再给买一个,孩子还有理有据地说:某某的滑板丢了,他妈妈就重新给买了一个。妈妈问他在哪里丢的,他说不知道。不知道落在哪里了。妈妈就说好好回忆回忆,为什么会丢,可能丢在哪里了。想不清楚就不能买新的。这样的方式就远比简单地再去给孩子买一个新的效果要好得多,下次再带着玩具出去,他就会自己操心,不会随手乱扔,不管不问了。

魔力悄悄话

培养注意力办法之一就是,强迫一个人集中,让他为自己的行为付出点代价,出错的时候让他自己为自己的行为负起责任而不是家长帮忙处理"后事",让他把注意力集中到自己要干的事情上来。

二、作息有规律

现在,很多家长是孩子的秘书,走路帮收拾东西拎着,吃饭帮安排好营养,睡觉帮安排好时间,行程也给规划好:"该写作业了""到练琴时间了""该洗澡了""该上床睡觉了"。每天,很多人家里,常常能听到家长这样一遍一遍地提醒孩子、催促孩子,其结果是孩子回了家下了课,没有老师家长的指示就不知道要干什么了。有了空余时间,孩子就茫然失措,不知道要干什么。他们很难有时间观念。因此,如果你想让孩子成为时间的主人,你就让他自己安排时间,让他自己去决定什么时间干什么事。

为此,为自己每天的学习和生活订个计划,计划好什么时间做什么事情,清清楚楚地写下来,家长协助监督完成情况。当然,对于年龄小一些的孩子,家长可以在他制订计划的时候给一些建议,并讨论计划的可行性。

在安排作息时间的时候注意要合理安排作息,该休息就要休息,有张有弛。要摸清各种活动的规律和特点,然后根据活动性质来定时间。

另外,集中注意力的时间不宜太长。研究表明,大班末期的学生能够集中注意力的时间最长也不超过 15 分钟,而一般情况下只是 10 分钟。父母应该了解,注意力持续时间的长短与年龄有关。在有兴趣的情况下,5 ~ 10 岁孩子最长可以集中注意力 20 分钟,而大一些的比如10 ~ 12 岁孩子可以最长保持 25 分钟,只有 12 岁以上的孩子以及成人在意志的控制下可以保持大概 30 分钟。因此,如果想让几岁的孩子持续一个小时做作业是不科学的。因此,家长在安排孩子的活动时,应当注意调整时间,切忌一天到晚强迫孩子坐着一动不动。

在安排好作息制度之后,家长就要要求孩子在规定的时间内完成作业。有些父母因为孩子的注意力不集中就在孩子身边"站岗",这不是有效的办法,一方面,可能家长的在场反而影响孩子的注意,另一方面,这样长期下去会使孩子产生依赖心理,你在他就好好表现,家长一走他就开始懒散。应给他设置一个合理的时间范围,让他在规定的时间内完成作业。

规定时间没有完成立即停止。有些孩子写作业拖延时间拖成习惯了,每天都要到晚上十点才能完成作业,减少了睡眠时间,导致第二天上课没有精神,降低了学习效率。周而复始,造成恶性循环。在这种情况下,家长觉得可以给他确定一个作业完成的最后时间。如果到了一定时间仍然写不完就不要再写了。这一方面是告诉他不要拖拉,另一方面也告诉他拖拉的话是要自己负责的。作业没有完成,会受到老师的批评。以后,孩子就会抓紧时间完成了。这是个狠招,家长要根据具体情况来定,不能多次使用,只能在关键时用上几次。

还可以这样对他说你可以不用心,但你必须在八点钟之前完成作业,否则,周末就不能做什么等。培养孩子的时间紧迫感,慢慢地让他形成学习规律。

魔力悄悄话

家长在安排活动时,应当注意调整时间,切忌一天到晚强迫孩子坐着一动不动。应设置一个合理的时间范围,让孩子在规定的时间内完成作业。

三、吃饭锻炼注意力

吃饭也可以培养注意力。进餐对孩子来说是一个重要而漫长的过程，有很多注意力不够集中的孩子会在吃饭的中间吃着吃着突然跑了，或者一会儿取那个玩具过来，一会儿又要看两眼电视，一会儿要换衣服，等等，诸如此类的要求往往打断吃饭这件事。对于很多孩子来说，这几乎是家常便饭。连这么短短的半小时一小时时间都坐不住，注意力能好到哪儿去呢？何况吃饭还并不是一件需要注意力高度集中的事情，如果吃饭都这样，那么学习就更难坐下来了。

涛涛都上小学二年级了，吃饭总是磨磨蹭蹭，一顿饭总要持续40分钟以上，开始的时候妈妈并没有在意。但是，渐渐的妈妈发现涛涛除了吃饭总是无法集中注意力，做其他的事情同样如此。无论让他做什么事情，他总要磨蹭、拖拉一会，早上起床，妈妈要叫半个小时才会慢慢悠悠地穿好衣服。除了日常生活，涛涛的学习也敲起了警钟。老师反映，涛涛上课总是东张西望，总也无法集中注意力，成绩自然也是一塌糊涂。

涛涛为什么养成无法集中注意力，拖拉的习惯呢？其实，这跟涛涛的饮食习惯有着很大的关系。事实上，吃饭是锻炼注意力的一种有效的手段。

家长应该从哪些方面做起？

1. 进餐中不要讨论过于艰深的问题。比如考考某个字或者某道题，这样会分散注意力，比较好的做法是简单地讲一下饭菜的营养，以刺激食欲。而且要注意不要在吃饭的时候训斥孩子。

2. 养成家庭吃饭的时间观念。到了一定的时间就专心坐下来吃饭，在一定时间内,大家吃完饭后,及时将桌子收拾干净,然后各做各的事情,养成在规定的时间内吃完饭的好习惯。

3.家长以身作则,吃饭不能走来走去,也不要看电视。吃饭看电视这些习惯会导致注意力涣散,不能静下来吃饭。还有大人要和小孩子一起吃饭,哪怕没东西吃,嘴巴里也不能空着,自己要带头,吃吃口香糖也比不吃好,宝宝要有一个专门的座位,吃饭用的,坐下去就是要开饭了,形成好的习惯。

4.尽量让他自己拿餐具。自己去做这些事的话,对于做这些还有点吃力的孩子来说,他分心干其他事情的能力就大大减弱。比如,拿筷子他拿不好,会费点劲,他腾出手去抓玩具的可能性就降低了一点。再比如,你让孩子自己去夹菜,他的眼神就得转移到这件事上来,瞟着电视就干不好了。

5.尽量使孩子停留在餐桌旁,并且尽可能地集中精力吃饭,一天哪怕集中一分钟、两分钟,这样一天天递进,孩子的注意力天长日久也会越来越持久。所以对于吃饭跑来跑去的孩子一定不能娇惯。这顿饭吃着吃着跑了,就不给吃了,让他明白,在该吃的时候不好好吃,就得挨饿,饿上一顿两顿让他明白你是跟他玩真的,他就乖了。

做到以上几点应该并不难,另外,在这个过程中父母还应该注意的是:让孩子在规定时间内吃完饭。如果孩子能够专心地吃完饭,父母要给予一定鼓励(表扬、抚摸、亲吻等);除了言语上的肯定,父母还应该注意的是,在饭桌上要避免唠叨和训斥。父母的唠叨和训斥会让孩子对吃饭这件事情产生厌烦,从而注意力更不可能集中。

魔力悄悄话

在日常生活中,父母可别小看小小的吃饭这件事,他对于培养注意力也有很大帮助。要营造一个轻松快乐的吃饭的环境,孩子得到尊重,做事才会更加自信,父母说的话他才会更听。

四、保持个人卫生

对青少年来说,应该从小培养他们讲究个人卫生的良好习惯。这跟注意力有什么关系呢?一是会让小孩学会自己的事情自己做,从而培养做一件小事的时候的注意力;二是保持个人卫生才能保持健康,身体健康才会保持持久的注意力。身体状况决定了专注程度。显而易见,一个总是头疼脑热的人怎么可能安安静静地坐那里看书学习。因此,没人会指望一个病恹恹的家伙能百分百地投入学习和工作中去。对于青少年来说,身体娇嫩,抵抗能力差,如不养成良好讲卫生、爱清洁、有规律的生活习惯,就会给身体发育带来危害,影响身体健康发育。

那么如何教育青少年保持个人卫生呢?

首先,家长要做到以身作则。青少年知识贫乏,辨别是非的能力差,学好学坏都在无意识之中,受家长的影响非常大。所以家长和老师要特别注意对其加强良好卫生习惯的培养,尽力避免自身不良卫生行为对孩子的影响。

其次,一个人的良好卫生习惯都是在平常生活中积累,自然养成的,所以它的形成并不困难。比如,平时家长教育孩子养成饭前便后要洗手、不要吃手指,经常洗澡、修剪指甲等卫生习惯。同样的,在儿童时代由于家长、教师的教育失当而形成了不良卫生习惯,成人后要矫正就非常困难了。

讲究个人卫生,首先要讲究皮肤的清洁卫生。皮肤是机体的外衣,它能够保护机体、调节体温、感受刺激,并且能够帮助机体排除体内毒素。人体中的水分、无机盐以及新陈代谢的产物,除了一部分从尿排出体外,另外有相当一部分要通过皮肤以汗液方式排出体外。如果不经常洗澡导致这些排出的汗液、毒素等在皮肤表面聚集过多而堵塞了毛孔,汗液不能顺利排出,就会影响身体健康。再则,身上脏兮兮的,人会感觉不舒服,朋友也不喜欢,他做事就无法投入,注意力也会受到影响。

因此,要教育青少年朋友从小养成卫生的习惯。要天天按时洗脸,饭前便后要洗手,晚上洗脚。夏季天天洗澡一次,冬季每周洗澡、洗头一次。

同时,经常注重手和脸的干净,吃饭时嘴边的饭粒和菜汤,平时的鼻涕,都要随时擦净。洗手最好用温热水,一定要用肥皂。但是洗手液就不必要,反而会破坏手上正常的菌群,给健康带来危害。研究证明,用肥皂洗手,杀菌的效果比单用水洗高 7~8 倍,可使手上的细菌除去 90% 左右。

另外,指甲里最易隐藏病菌,故要经常修剪指甲。在搞好个人卫生的同时,还要学会自己做自己的事情,养成独立的能力。为了搞好个人卫生,要求衣服整洁,内衣、内裤要经常洗换,要预备几块手帕,并且要学会洗刷一类的劳动,如洗小手帕、洗袜子。这对青少年长大成人后,勤于、善于自理个人卫生具有重要的作用。

魔力悄悄话

培养良好的卫生习惯,对一个人长大成人后,勤于、善于自理个人卫生具有重要的作用。所以家长和老师要特别注意对孩子加强良好卫生习惯的培养,尽力避免自身不良卫生行为对孩子的影响。

五、学习用品摆放好

摆放学习用品事实上也是创造有利于集中注意力的环境的一部分。不过这里只讨论书桌书房这一部分的环境。

小智习惯了一边看电视一边写作业,但是他发现,这样写作业的效率太低,于是,他决心把自己关在书房里写作业,刚开始的时候,小智还能专心写作业。可是过了不一会,书柜上的漫画书又引起了他的注意,漫画书是小智的最爱,于是小智兴致勃勃地又看起了漫画书。所以,即使躲在书房里的小智依然无法专心写作业,好不容易漫画书看完了,小智决定要安下心来好好做作业了。这时候奶奶又端了一盘小智最爱吃的水果和零食,小智又开开心心地吃起了零食,最终小智磨蹭到了半夜还是没能完成老师安排的作业。

我们可以看到,小智的本意是想安心看书,但是电视、漫画书、零食都成了他无法抗拒的诱惑。事实上,要解决这个问题其实很简单。

首先,书房里除了书不要放其他的东西,或者放在视线很难注意到的地方。书桌上,也只能放有书本等相应的学习用品,不可摆放玩具、零食,更不能有电视机、电话等声音干扰。作为家长,要把玩的吃的,都放在够不到的地方。这样,就算想把注意力转移到其他事物上的时候也比较费劲,因为触目皆是学习用的东西,他就没办法东磨西蹭。

总而言之,爱吃零食或爱看电视的同学在做作业前把零食拿开,把电视机关掉,把桌上可能分散注意力的报纸、杂志、收音机统统收起来。

此外,室内的光线也是一个容易被忽视的环节,光线柔和适度有助于集中注意力,光线太强不利于集中注意力。

其次,建议在学习之前先把课桌上其他与学习无关的东西也整理一下。如果课桌上乱七八糟摆满了东西,视线就会被这些东西吸引。书桌上的抽屉、柜子最好上锁,免得他随时打开,在没有完成学习的情况下去清理抽屉;书桌前方除了张贴与学习有关的地图、公式、拼音表格外,不应张贴其他吸引注意力的东西。女孩子的书桌上不放镜子,这会使她顾影"自美"。

再次,在学习时自己要善于创造有利的环境,如在墙上贴学习计划或鼓励自己奋发学习的格言、诗句等。另外,尽量到图书馆和教室里学习,因为这些地方通常学习气氛比较浓,比较安静,有利于进入学习情境之中。

最后,把学习用品放在一个固定的地方,需要的时候一下就能够找到,免得学习到中途一会儿找作业本,一会儿找课本,再一会儿找橡皮,没完没了,一会注意力就被分散完了。

所以说,别以为摆放物品是跟学生的成绩毫无关联的小事,其实不然。要想养成集中注意力的精神,这一点也是不可忽视的。

魔力悄悄话

作为家长,要把玩的吃的,都放在够不到的地方。这样,就算想把注意力转移到其他事物上的时候也比较费劲,因为触目皆是学习用的东西,他就没办法东磨西蹭。

六、保持最佳学习状态

学习是一项高度复杂的脑力活动,只有大脑所处的状态即大脑各部分的功能和相互间的协调达到一定的水平,学习才能够进行。而欲达到高质量的学习,就必须使大脑处在一个最适宜接收信息、理解信息、掌握信息、运用信息的状态,这就是通常所谓的学习状态。

把大脑调整到最佳状态,要如何引导呢?通常我们可以通过放松或静心活动来诱发大脑的 α 波来寻找自己的最佳状态。放松的方法有很多,比如读一段轻松愉快的小说,凝神品味一幅画,或者散一会儿步,闭上眼睛做一做深呼吸,伸展四肢,洗个温水澡,换上让人感到舒适的衣服,甚至可以找一个空旷无人的地方大声地叫喊一番,都是行之有效的方法。我们都有这样的体会,有时候特别特别想大喊大叫,其实喊出来心里的压力就会释放很多。

平时学习紧张的时候还可以放几首孩子喜欢的音乐,不喜欢听音乐的可以听几首轻的慢的舒缓一点的音乐。越来越多的专家认为,有的音乐有助于放松身体、安抚呼吸、平静 B 波震颤,在这些音乐的伴奏下学习,往往可以产生"事半功倍"的效果。

学习的最佳状态还是可以积极地创造出来的。下面我们就具体说说创造自己最佳状态的几种方法。我们可以参考一下,在需要的时候进行引导。

1.练习。有人会问,集中注意力也会像体育锻炼作用肌肉一样使大脑得到锻炼吗?美国俄勒冈大学的一位心理学教授运用星电图描记追踪大脑活动表明:当人们第一次做一项工作的时候,会增加血液循环和大脑中的电流活动。但是一旦目标完成,大脑血液循环和电流减弱。这位教授指出,我们越是训练集中注意力,大脑下次进行这种活动时需要的能量也就越少,相应地,节省出来的这部分精力和思维能力会转移到其他各个部位。注意力高度集中完全可以训练出来。

2. 早在一百多年前,一位心理学家断言,人的大脑有着无穷的潜力,而人类只发挥了其中极小的一部分潜力。之所以不能发挥出来是因为我们所做的大多数工作都是照章办事,枯燥无味。这样大脑处于抑制状态,几乎无所事事。其结果,导致粗心的错误和对工作感到厌倦乏味。

因此有位专家解释说,只有当人们的技能和所面临的挑战旗鼓相当的时候,人们才能达到最佳状态。这就是我们只有在某些紧急情况下才发现自己原来能做好自己以前不敢想象的事情的原因。这就好比跑步,也许平时我们只要慢跑一会儿就会觉得很累,但是如果真是紧急情况,比如火灾逃生或者后面有恶人追赶,我们就会跑得远比自己想象的要快得多。

3. 自我暗示。当你出门有好几件事情要办的时候,你可以自言自语地唠叨自己要干哪些事,反复地想上几遍,或者跟自己唠叨几遍。这样会促使你注意力高度集中,强化行事的力度,并且能时刻提醒自己。

自言自语起着"强心剂"的作用,它有助于排除外界干扰。

4. 做好眼前的事情。注意力集中于未来而不是现在会严重影响任何活动。运动心理学家认为,一位优秀的网球选手考虑的是打好球而不是赢得比赛。而无数奥运冠军的赛后感想也告诉我们,只有努力做好眼前的事情,不在意结果,才会在比赛中获胜。因此,千万要记住:保持最佳状态,时时刻刻集中注意力。

魔力悄悄话

在自己认为已经休整好后,再投入到学习中去。但是当结束某一项学习任务之后,不要立即投入下一件事。要稍微休息调整片刻,这样才有可能恢复活力。

七、学会分类法

分类法有很多好处,如果一个人能很早学会分类法,那么这一生当中会受益无穷。

分类法有什么好处呢? 简单地说可以在教育青少年认识事物的同时让他们学会在生活中有效地处理自己的物品,不至于养成丢三落四的毛病。而且还能锻炼分析、比较、综合、概括等各种思维能力。

学会分类,要从哪里下手呢? 下面我们就来具体说说:

第一,按颜色分类。这在很多幼儿教材中都有体现。准备两套彩色卡片,一套是正方形的彩色卡片,红、绿、黄、蓝各几张;另一套是正方形、三角形、圆形、菱形四种形状的卡片。先出示第一套形状相同、颜色不同的卡片乱摆在桌面上,然后按颜色分别摆开。能顺利完成第一套卡片的分类后,出示第二套颜色和形状都不同的卡片,把颜色、形状打乱摆在孩子面前。首先找出所有绿色卡片,再分别找出所有黄色和红色卡片,最后看剩下的是什么颜色的卡片。除此以外,还可进行多种多样的以颜色分类的活动。比如找出屋子里什么是红色的? 什么是黄色的? 什么是……然后扩展到你见过什么是红色的,什么是绿色的。

第二,按形状分类。拿来各种形状的积木、扣子,各种几何图形的彩色卡片,杂乱地摆在桌子上,分别把圆形的东西挑出来;把三角形的东西挑出来;把方形的东西挑出来;把菱形的东西挑出来……还可在周围环境中找出形状相同的东西。

第三,按大小分类。买来一些专门用于比较大小的图画书,把所有的图画中成对的比较大的那个东西剪下来。或者准备外形颜色等相同只是大小不同的物品若干对,如商标相同的大小牙膏盒各一个,形状相同的一个茶匙和一个汤匙,一大一小形状相同的两个食品盒、盘子、皮球等,摊在桌子上。把这所有的成对的东西分出大小来，大的放一堆，小的放一堆。

第四，按功用分类：到商店去了解商品的分类，在逛的过程中看，什么样的东西会摆在一个区里以及为什么。比如食品放在食品区，衣服应到服装店，买玩具应到玩具店等。

除此之外，出门的时候哪些东西能乘坐？在家里的时候，哪些东西有四个轮子？哪些东西能发光发热？哪些东西能防雨？哪些东西能写字绘画？哪些东西是打扫屋子的……答得越多越好。

按事物的特征分类：说出什么东西能飞，我们周围的东西什么是两条腿？家里的用品哪些可以让人坐，哪些东西可以归为一类？可一一回答。

方法多种多样，可以自己创造，用最适合的方法去进行练习。

魔力悄悄话

在认识事物的同时还能学会在生活中有效地处理自己的物品，不至于在找东西的时候乱七八糟，从而影响生活，养成丢三落四的毛病。